U0173879

蟋蟀的住宅

[法] 让-亨利·法布尔◎著

陈筱卿◎译

北方联合出版传媒(集团)股份有限公司

春风文艺出版社

·沈阳·

图书在版编目（CIP）数据

蟋蟀的住宅 /（法）让-亨利·法布尔著；陈筱卿译.
—沈阳：春风文艺出版社，2023.12
（大作家的语文课）
ISBN 978-7-5313-6486-3

Ⅰ.①蟋… Ⅱ.①让… ②陈… Ⅲ.①蟋蟀—少儿读
物 Ⅳ.①Q969.26-49

中国国家版本馆CIP数据核字（2023）第137199号

北方联合出版传媒（集团）股份有限公司
春风文艺出版社出版发行
沈阳市和平区十一纬路25号　邮编：110003
辽宁新华印务有限公司印刷

责任编辑：邓　楠		助理编辑：滕思薇	
责任校对：张雨菲		幅面尺寸：145mm × 210mm	
字　　数：67千字		印　　张：4.5	
版　　次：2023年12月第1版		印　　次：2023年12月第1次	
书　　号：ISBN 978-7-5313-6486-3			
定　　价：25.00元			

版权专有　侵权必究　举报电话：024-23284391
如有质量问题，请拨打电话：024-23284384

目录

荒 石 园

　　那儿是我最喜欢的地方，不算太大，是我的"钟情宝地"，一圈围墙把这块地跟公路上的熙来攘往、喧闹沸腾隔绝开来，虽说是偏僻荒芜的不毛之地，无人问津，又遭日头的暴晒，却是刺茎菊科植物和膜翅目昆虫所喜爱的地方。因无人问津，我便可以在那里不受过往行人的打扰，一心一意地对砂泥蜂和石泥蜂等进行艰难的探索。这种探索难度极大，只有通过实验才能完成。在那里我无须分心劳神，东寻西觅，无须耗费时间，慌忙地赶来赶去，我只消安排好自己的周密计划，细心地设置下陷阱，然后，每天不断地观察并记录所获得的结果。是的，一块"钟情宝地"，这就是我的夙愿，我的梦想，这是我一直苦苦追求但每每难以实现的一个梦想。

一个每天都在为生计操劳的人，想要在旷野之中为自己准备一个实验室，实属不易。我四十年如一日，凭借自己顽强的意志力，与贫困潦倒的生活苦斗着，终于，有一天，我的心愿得到了满足。这是我孜孜不倦、顽强奋斗的结果，其中的艰苦繁难我在此就不赘述了，反正，我的实验室算是有了，尽管它的条件并不十分理想，但是，有了它，我就必须拿出点儿时间来侍弄它。其实，我如同一个苦役犯，身上总戴着沉重的锁链，因而闲暇时间并不太多。但是，愿望实现了总是好事，只是稍嫌迟了一些，我可爱的小虫子们！我真害怕到了采摘梨桃瓜果之时，我的牙却啃不动它们了。是的，确实来得晚了点儿：当初广阔的旷野而今已变成了低矮的穹庐，令人窒息憋闷，而且还在日益变低变矮，变窄变小。对于往事，除了我已失去的东西以外，我并无丝毫的遗憾、任何的愧疚，甚至对我那已消逝的光阴也没有愧疚，而且我对一切都已不再抱有希望。我已尝遍世态炎凉，体味甚深，已心力交瘁，心灰意冷，我每每禁不住要问问自己，为了活命而吃尽苦头是否值得？我此时此刻的心情就是这样。

我放眼四周，触目皆为废墟，唯有一堵断墙屹立其间。这断墙残垣因为是用石灰砂泥浇筑，所以仍然兀立在废墟的中央。它就是我对科学真理的执着追求与热爱的真实写照。啊，我心灵手巧的膜翅目昆虫，我这份热爱能否让我有资格给你们的故事追加一些描述？我会不会心有余而力不足？我既然心存这份担忧，为何又把你们抛弃了这么长时间呢？有一些朋友已经因此责备我了。啊，请你们去告诉他们，告诉那些既是你们的朋友，也是我的朋友，告诉他们我并不是因为懒惰和健忘才抛弃你们的，告诉他们我一直惦记着你们，告诉他们我始终深信节腹泥蜂的秘密洞穴

节腹泥蜂

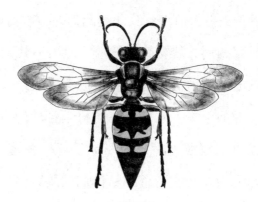

飞蝗泥峰

中还有许多尚待我们去探索的有趣的秘密，告诉他们飞蝗泥蜂的猎食活动还会向我们提供许多有趣的故事。然而，我缺少时间，又是单枪匹马、孤立无援、无人理睬，何况，我在高谈阔论之前必须先考虑生计问题。我请你们就这么如实地告诉他们吧，他们会原谅我的。

还有一些人在指责我，说我用词欠妥，不够严谨，说穿了，就是缺少书卷气，没有学究味。他们担心，一部作品让读者读起来容易，不费脑子，那么，这部作品就没能表达出真理来。照他们的说法，只有写得晦涩难懂，让人摸不着头脑，那作品才是思想深刻的。你们这些身上或长着螯针或披着鞘翅的朋友，你们全都过来吧，来替我辩白，替我做证。请你们站出来说一说，我与你们的关系是多么亲密，我是多么耐心细致地观察你们，多么认真严肃地记录下你们的活动。我相信，你们会异口同声地说："是的，他写的东西没有丝毫言之无物的套话，没有丝毫不懂装懂、不求甚解的胡诌瞎扯，有的只是准确无误地记录下来的观察到的真实情况，既未胡乱添加，也未挂一漏万。"今后，但凡有人问到你们，请你们就这么回答他们吧。

另外，我亲爱的昆虫朋友，如果因为我对你们的描述没能让人生厌，因而说服不了那帮嗓门很大的人，那么我会挺身而出，郑重地告诉他们："你们对待昆虫是开膛破肚，而我是让它们活蹦乱跳地生活着，对它们进行观察研究；你们把它们变成了又可怕又可怜的东西，而我是让人们更加喜爱它们；你们是在酷刑室和碎尸间里干活，而我是在蔚蓝色的天空下，一边听着蝉欢快地鸣唱，一边仔细地观察着；你们使用试剂测试蜂房和原生质，而我是在它们的各种本能得以充分表现时探究它们；你们探索的是死，而我探究的则是生。因此，我完全有资格进一步表明我的思想：野猪把清泉搅浑了，原本是青年人一种非常好的专业——博物史，因越分越细，相互隔绝，互不关联，竟至成了一种令人心生厌恶、不愿涉猎的东西。诚然，我是在为学者们而写，是在为将来有一天或多或少地为解决'本能'这一难题做点儿贡献的哲学家们而写。但是，我也是在，尤其是在为青年人而写，我真切地希望他们能热爱这门被你们弄得让人恶心的博物史专业。这就是我竭力坚持真实第一，一丝不苟，绝不采用你们那种科学性的文字的缘故。你们那种科学性的文字，说实在的，好像是从休伦人所使用的土语中借来的。这种情况并不鲜见。"

然而，此时此刻，我并不想做这些事。我想说的是我长期以来一直魂牵梦萦着的那块计划之中的土地，我一心想着把它变成一座活的昆虫实验室。这块地，我终于在一个荒僻的小村子里寻觅到了。这块地

被当地人称为"阿尔玛"，意为"一块除了百里香恣
意生长，几乎没有其他植物的荒芜之地"。这块地极
其贫瘠，满地乱石，即使辛勤耕耘，也难见成效。春
季来临，偶尔带来点儿雨水，乱石堆中也会长出一点
儿草来，随即引来羊群的光顾。不过，我的阿尔玛，
由于乱石之间仍夹杂着一点儿红土，所以还是长过一
些作物的，据说，从前那儿就长着一些葡萄。的确，
为了种上几棵树，我就在地上挖来刨去，偶尔会挖到
一些因时间太久而已部分炭化的实属珍稀的乔木的根
茎。于是，我用唯一可以刨得动这种荒地的农用三齿
长柄叉又刨又挖。然而，每每都会感到十分遗憾，据
说最早种植的葡萄树没有了，百里香、薰衣草也没有
了。一簇簇的胭脂虫栎也见不着了。这种矮小的胭脂
虫栎本可以长成一片矮树林，它们确实长不高，人只
要稍微抬高腿，就可以从它们上面迈过去。这些植
物，尤其是百里香和薰衣草，能够为膜翅目昆虫提供
它们所需采集的东西，所以对我十分有用，我不得不
把用我的农用三齿长柄叉偶尔刨出来的东西又栽了

回去。

　　在这儿大量存在着而又无须我去亲手侍弄的，是那些最初随着风吹的土粒而来，而后又长年积存繁衍下来的植物。最主要的是犬齿草，那是一种十分令人讨厌的禾本植物，三年炮火连天、硝烟弥漫的战争都没能让它们灭绝，真是"野火烧不尽，春风吹又生"。数量上占第二位的是矢车菊，全都是一副桀骜不驯的样子，浑身长满了刺，其中又可分为两至生矢车菊、蒺藜矢车菊、丘陵矢车菊、苦涩矢车菊，而尤以两至生矢车菊数量最多。各种各样的矢车菊相互交织，彼此纠缠，乱糟糟地簇拥在一起，其中可见一种菊科植物形同枝形大烛台似的支棱着，凶相毕露，被称为西班牙刺枞，其枝杈末梢长着很大的橘红色花朵，如同火焰一般，而其刺茎硬如铁钉。长得比西班牙刺枞要高的是伊利里亚大翅蓟，它的茎孤零零地"独立寒秋"，笔直硬挺，高达一两米，枝头长着一个硕大的紫红色绒球，它身上所佩带的利器与西班牙刺枞相比毫不逊色。也别忘了，还有刺茎菊科植物。首先必须提到的是恶蓟，浑身带刺，致使采集者无从下手；第二种是披针蓟，阔叶，叶片顶部长着梭镖状的硬尖；最后是越长颜色越黑的染黑蓟，这种植物缩成一团，状如插满针刺的玫瑰花结。这些蓟类植物之间的空地上，爬着荆棘的新枝丫，结着淡蓝色的果实，枝条长长的，像带刺的绳子。如果想要在这杂乱的荆棘丛中观察膜翅目昆虫采蜜，就得穿上半高筒长靴，否则腿肚子就会被划得满是血丝，又痒又疼。当土壤还存有春雨所能给予的水分，墒情尚可时，角锥般的刺桲和大翅蓟细长的新枝丫便会从这块由两至生矢车菊的黄色头状花序铺就的"地毯"上生长出来。这时候，在这样荒凉贫瘠的艰苦环境下，这种极具顽强生命力的荆棘必定会展现出它们的某种娇媚之姿。四下里矗立着一座座狼牙棒般的金字塔，伊利里亚大翅蓟投出它那笔直的标枪来。但是，等到干旱的夏日来临时，这儿呈现的是一片枯枝败叶的景象，划根火柴，就会点着整块土地。这就是我意欲从此永远与我的昆虫亲密无间地生活的美丽迷人的伊甸园；或者，更确切地说，我一开始拥有这片园子时，它就是这样一座荒石园。经过四十年的艰苦努力、顽强奋斗，我最终获得了这块宝地。

我称它为美丽迷人的伊甸园，还是恰如其分的。这块没人看得上的荒地，可能没一个人会往上面撒一把萝卜籽，但是，对于膜翅目昆虫来说，它可是个天堂。荒地上那茁壮成长的刺蓟类植物和矢车菊，把周围的膜翅目昆虫全都吸引过来。我以前在野外捕捉昆虫时，从未遇到过任何一个地方像荒石园这样聚集着如此多的昆虫，可以说，各种各样的膜翅目昆虫全都聚集到这里了。它们当中，有专以捕食活物为生的"捕猎者"，有用湿土造房的"筑窝者"，有梳理绒絮的"整理工"，有在花叶和花蕾中修剪材料备用的"备料工"，有以碎纸片建造纸板屋的"建筑师"，有搅拌泥土的"泥瓦工"，有为木头钻眼的"木工"，有在地下挖掘坑道的"矿工"，有加工羊肠薄膜的"技工"……还有不少做其他什么活儿的，我也记不清了。

这是个干什么的呀？原来是一只黄斑蜂。它在两

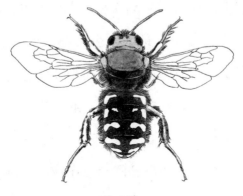

黄斑蜂

至生矢车菊那蛛网状的茎上刮来刮去，刮出一个小绒球来，然后得意扬扬地把这个小绒球衔在大颚间，带到地下，制造一个棉絮袋子来装它的蜜和卵。那些你争我夺、互不相让的家伙是干什么的呀？那是一些切叶蜂，它们腹部下方有一个花粉刷，刷子颜色各异，有的呈黑色，有的呈白色，有的则是火红火红的。它们还要飞离蓟类植物丛，跑到附近的灌木丛中，从灌木的叶子上剪下一些椭圆形的小叶片，把它们组装成容器，来装它们的收获物——花粉。你再看，那些一身黑绒衣服的都是干什么的呀？它们是石泥蜂，专门加工水泥和卵石。在荒石园中的石头上，我们可以很容易看到它们建造起来的房屋。那些突然飞起，左冲右突，大声嗡嗡的，是干什么的呀？它们是砂泥蜂，它们把家安在破旧墙壁和附近向阳物体的斜面上。

现在，我们看到的是壁蜂。它们有的在蜗牛空壳的螺旋壁上建造自己的窝；有的在忙着啄一段荆条，吸去其汁液，以便为自己的幼虫做成一个圆柱形的房屋，而且，房屋中用隔板隔成一层一层的，俨然一幢楼房；有的还在设法将一根折断的芦苇的那种天然通道派上用场；还有的干脆乐享其成，免费使用高墙石蜂空闲着的走廊。让我们再来看看：那是大头蜂和长须蜂，其雄蜂都长着高高翘起的长触角；那是毛斑蜂，它的后爪上长着一个粗大的毛钳，是它的采蜜器官；那些是种类繁多的土蜂；此外，还有一些隧蜂，

壁蜂

腰腹纤细。我就先这么简要地提一提，不一一赘述，否则我得把采花蜜的昆虫全都记录下来。我曾经把我新发现的昆虫呈送给波尔多的昆虫学家佩雷教授。他问我是否有什么特别的捕捉方法，怎么会捕捉到这么多既稀罕又全新的昆虫品种。我并不是什么捕捉昆虫的专家学者，更不是一心一意地在寻找昆虫、捕捉昆虫、制作标本的专家学者，我只是一个对研究昆虫的生活习性颇感兴趣的昆虫学爱好者，我所有的昆虫都是我在长着茂密的蓟类植物和矢车菊的草地上捉到的，并得到喂养的。

真是机缘巧合，与这个采集花蜜的大家庭在一起的还有一群群捕食采蜜者的猎食者。泥瓦匠们在我的荒石园中垒造园子围墙时，遗留下不少沙子和石头，这儿那儿随意堆放着。由于工程进展缓慢，拖了又拖，这些一开始就运到荒石园里的建筑材料便被这么遗弃着。渐渐地，石蜂们选中石头之间的空隙过夜，一堆堆地挤在一起。粗壮的斑纹蜂遇到袭击时，会迎面扑来，不管侵袭者是人还是狗；它们往往选择洞穴较深的地方过夜，以防金龟子的侵袭。白袍黑翅的鹡鸰，栖息在最高的石头上，唱着并不动听的小曲短调。离鹡鸰所栖息的石头不远，必定有它的窝，大概就在某个石头堆中，窝内藏着它那些天蓝色的卵。不一会儿，这位"多明我会修士"便消失在石头堆中，不见了踪影。我对这种鹡鸰颇为怀念，却并不因那长耳斑纹蜂的消失而感到遗憾。

　　沙堆是另一类昆虫的幽居之所。泥蜂在那儿清扫门庭，用后腿把细沙往后蹬踢，形成一道道抛物线；朗格多克飞蝗泥蜂用触角把无翅螽斯咬住，拖入洞中；大唇泥蜂把它的储备食物——叶蝉藏入窖中。让我心疼不已的是，最终泥瓦匠把那儿的猎手全都撵走了。不过，一旦有一天我想让它们回来的话，我只需再堆起一些沙堆，它们就会很快归来。

　　居无定所的各种砂泥蜂倒是没有消失。我在春季可以看见某些品种的砂泥蜂，在秋季又可看见另一些品种的砂泥蜂，它们在荒石园的小径和草地上飞来飞去，寻找毛虫。各种蛛蜂也留在了园中，它们拍打着翅膀，警惕地飞行着，朝着隐蔽的角落，去捕捉蜘蛛。个头儿大的蛛蜂则窥伺着狼蛛，而狼蛛的洞穴在荒石园中有的是。这种蜘蛛的洞穴呈竖井状，井口由禾本植物的茎秆内纵横交错的蛛丝做成的护栏保护着。往洞穴底部看去，大多数的狼蛛个头儿很大，眼睛闪闪发亮，让人看了直起鸡皮疙瘩。对于蛛蜂来说，捕捉这种猎物可是件非同小可的事呀！好吧，让我们观观战。在盛夏午后的酷热之中，蚂蚁大队爬出了"兵营"，排成一个长蛇阵，到远处去捕捉奴隶。让我们不妨忙里偷闲，随着这蚂蚁大军前行，看看它们是如何围捕猎物的吧。那儿，在一堆已经变成腐殖质的杂草周围，只见一群长约一法寸半的土蜂正无精打采、懒洋洋地飞舞着，它们被金龟子、蛀犀金龟子和金匠花金龟子的幼虫吸引住了——那可是它们丰盛的美餐哪，所以便一头钻进那堆杂草中。

值得观察研究的对象简直太多太多了，这里提到的只是一部分而已。这座荒石园，人去楼空，房屋闲置，地也撂荒了。这座没有人住的荒石园，成了动物的天堂，没有人会伤害它们，它们也就占据了这儿的各个角落。黄莺在丁香树丛中筑巢搭窝；翠鸟在那繁茂的柏树枝叶间落户安家；麻雀把碎布头和稻草麦秆衔到屋瓦下；南方的金丝雀在它们建在梧桐树梢的没有半个黄杏大的小安乐窝里鸣叫；红角鸮习惯了这儿的环境，晚间飞来唱它那单调的歌曲，声似笛音；被人称为雅典娜鸟的猫头鹰也飞临此地，发出刺耳的咕咕声。这座废弃的屋子前有一个大池塘。向村子里输送泉水的渡槽，顺带着也把清清的流水送到这个大池塘里。在动物发情的季节里，两栖动物便从方圆一公里处往池塘边爬来。灯芯草蟾蜍——有的个头儿大如盘子——背上披着窄小细长的黄绶带，在池塘里幽会、沐浴。日暮黄昏时，"助产士"雄蟾蜍的后腿上挂着一串胡椒粒似的雌蟾蜍的卵。这位宽厚、满怀温情的父亲带着它珍贵的卵袋从远方蹦跳而来，要把这卵袋没入池塘中，然后它躲到一块石板下面，发出铃铛般的声响。成群的雨蛙躲在树丛间，在此时此刻不想哇哇乱叫，而是以优美动人的姿势跳水嬉戏。五月里，夜幕降临之后，这个大池塘就变成了一个大乐池，各种鸣声交织，震耳欲聋，以至于你若是在吃饭，就甭想在饭桌上交谈，即使躺在床上，也难以成眠。为了让园内保持安静，必须采取严厉的措施。不然怎么办？想睡而又被吵得无法入睡的人，心当然会变硬的。

膜翅目昆虫简直无法无天，竟然把我的隐居之所侵占了。白边飞蝗泥蜂在我家门槛前的瓦砾堆里做窝。为了踏进家门，我不得不加倍小心，否则，一不留神就会把它的窝踩坏，正在忙活的"矿工们"将会遭受灭顶之灾。我已经有整整二十五年没看到过这种捕捉蝗虫的高手了。记得第一次看见它时，我走了好几里地才找到它；其后，每次去寻访它，都是顶着八月火热的骄阳前去，忍受着艰难的长途跋涉。可是，今天我在自家门前见到了它们，它们竟然成了我的好邻居。有几扇窗户总是关着，其窗框为长腹蜂提供了温度适宜的套房，它那泥筑的蜂巢建在用规整石材砌成的内墙壁上；这些捕食蜘蛛的好猎手归来时，穿过窗框上本来就有的一个现成的小洞，钻入房内。百叶窗的线脚上，几只孤身的石蜂建起了它们的蜂巢群落；略微开启的防风窗板内侧，一只黑胡蜂为自己建造了一个小小的土圆顶，圆顶上部有一个细颈的大口供出入。胡蜂和马蜂经常光顾我家，它们飞到饭桌上，尝尝桌上放着的葡萄是否熟透了。

　　这儿的昆虫确实又多又全，而我所见到的只不过是其中一小部分。如果我能与它们交谈的话，我就会忘掉孤苦寂寥，变得兴致勃勃。这些昆虫，有些是我的新朋，有的则是我的旧友，它们全都在我这里，挤在这方小天地之中，忙着捕食、采蜜、筑巢搭窝。另外，若是想要改变一下观察环境，这也不难，因为几百步开外便是一座山，山上满是野草莓丛、岩蔷薇丛、欧石楠树丛；山上有泥蜂们所偏爱的沙质土层，有各种膜翅目昆虫喜欢开发利用的泥灰质坡面。我正是因为早已认准了这块风水宝地——这笔宝贵的财富，才逃离城市，躲到这乡间里，来到塞里尼昂，给萝卜地锄草，给莴苣地浇水。

人们花费大量资金，在大西洋和地中海沿岸建起许许多多实验室，以便解剖海洋中的小动物；人们耗费大量钱财，购置显微镜、精密的解剖器械、捕捞设备、船只，雇用捕捞人员，建造水族馆，为的是了解某些环节动物的卵黄是如何分裂的。我直到如今都没弄明白，这些人搞这些有什么用？为什么他们偏偏对陆地上的小昆虫不屑一顾？这些小昆虫可是与我们息息相关的，它们为普通生理学提供着难能可贵的资料。它们中有一些在疯狂地吞食我们的农作物，肆无忌惮地破坏公共利益。我们迫切地需要一座昆虫学实验室，一座不是研究死昆虫而是研究活蹦乱跳的昆虫的实验室，一座以研究这个小小的昆虫世界的动物本能、习性、生活方式、劳作、争斗和生息繁衍为目的的昆虫实验室，而我们的农业和哲学又必须予以高度重视。彻底掌握那些对我的葡萄树进行吞食、蹂躏的昆虫，可能要比了解一种蔓足纲动物的某一根神经末梢是什么状态更加重要。通过实验来划分清楚智力与本能的界线，通过比较动物一系列的各种实况，以揭示人的理性是不是一种可以改变的特性等，应该比了解一只甲壳动物的触角有多少根要重要得多。为了解决这些大的问题，必须动用大批工作人员，可是，就目前来说，我只是孤军奋战。当下，人们的注意力放在了软体动物和植虫动物身上，花费大量资金购置许许多多拖网去探索海底世界，对自己脚下的土地却漠然处之，不甚了解。我在等待人们改变态度的同时，开辟了我的荒石园——这座昆虫实验室，而这座实验室用不着花纳税人的一分钱。

蝉出地洞

　　将近夏至时分，第一批蝉出现了。在人来人往、被太阳暴晒、被踩踏瓷实的一条条小路上，张开着一些能伸进大拇指、与地面持平的圆孔洞。这就是蝉的幼虫从地下深处爬回地面来变成蝉的出洞口。这些洞通常都在最热、最干的地方，特别是在道旁路边。出洞的幼虫有锐利的工具，必要时可以穿透泥沙和干黏土，所以喜欢最硬的地方。

蝉的幼虫

我家花园的一条甬道由一堵朝南的墙反射阳光，那儿有许多的蝉出洞时留下的圆洞门。六月的最后几天，我检查了这些刚被遗弃的井坑。地面土很硬，我得用镐来刨。

　　地洞口是圆的，直径约二点五厘米。在这些洞口的周围，没有一点儿浮土，没有一点儿推出洞外的土形成的小丘。

　　蝉洞深约四分米。洞是圆柱形，因地势的关系而有点儿弯曲，但始终要靠近垂直线，这样路程是最短的。洞的上下完全畅通无阻。想在洞中找到挖掘时留下的浮土那是徒劳的，哪儿都见不着浮土。洞底是个死胡同，成为一间稍微宽敞些的小屋，四壁光洁，没有任何与延伸的什么通道相连的迹象。

　　根据洞的长度和直径来看，挖出的土有将近两百立方厘米。挖出的土都跑哪儿去了呢？如果只是钻孔而未做任何其他加工的话，在干燥易碎的土中挖洞，洞坑和洞底小屋的四壁应该是粉末状的，容易塌方。我却惊奇地发现洞壁表面被粉刷过，涂了一层泥浆。

洞壁实际上并不是十分光洁，粗糙的表面被一层涂料盖住了。洞壁那易碎的上料浸上黏合剂，便被粘住不脱落了。

蝉的幼虫可以在地洞中来来回回，爬到靠近地面的地方，再下到洞底小屋，而带钩的爪子却未刮擦下土来，否则会堵塞通道，上去很难，回去不能。矿工用支柱和横梁支撑坑道四壁；地铁的建设者用钢筋水泥加固隧道；蝉的幼虫这个毫不逊色的工程师用泥浆涂抹四壁，让地洞能长期使用而不堵塞。

如果我惊动了从洞中出来爬到近旁的一根树枝上去、在上面蜕变成蝉的幼虫的话，它会立即谨慎地爬下树枝，毫无阻碍地爬回洞底小屋里去，这就说明即使此洞就要永远被丢弃了，洞也不会被浮土堵塞起来。

这个上行管道不是因为幼虫急于重见天日而匆忙赶制而成；这是一座货真价实的地下小城堡，是幼虫要长期居住的宅子。墙壁进行了加工粉刷就说明了这一点。如果只是钻好之后不久就要丢弃的简单出口的话，就用不着这么费事了。毫无疑问，这也是一种气象观测站，外面天气如何在洞内可以探知。幼虫成熟之后要出洞，但在深深的地下无法判断外面的气候条件是否适宜。地下的气候变化太慢，不能向幼虫提供精确的气象资料，而这又正是幼虫一生中最重要的时刻——来到阳光下蜕变——所必须了解的。

幼虫用几个星期，也许几个月的时间耐心地挖土、清道、加固垂直洞壁，却不把地表挖穿，而是与外界隔着一层一指厚的土层。在洞底，它比在别处更加精心地修建了一间小屋。那是它的隐蔽所、等候室，如果气象报告说要延期搬迁的话，它就在里面歇息。只要稍微预感到风和日丽的话，它就爬到高处，透过那层薄土盖子探测，看看外面的温度和湿度如何。

蝉洞是个等候室，是个气象观测站，幼虫长期待在里面，有时爬到地表下面去探测一下外面的天气情况，有时潜于地洞深处更好地隐蔽起来。这就是蝉在地洞深处建有一个合适的歇息所，并将洞壁涂上涂料以防止塌落的原因之所在。

　　我把一只正在对其洞穴进行挖掘的幼虫给挖了出来。幼虫正开始挖掘时，我便有了惊人的发现。一个和大拇指一样长的地洞，没有任何的阻塞物，洞底是一间休息室，眼下全部工程就是这个状况。

　　这只幼虫的颜色比我在它们出洞时捉到的那些幼虫显得苍白得多。眼睛非常大，特别白，浑浊不清，看不清东西。在地下视力有什么用？而出了洞的幼虫的眼睛则是黑黑的，闪闪发亮，说明能看得见东西。未来的蝉出现在阳光下，就必须寻找，有时还得到离洞口挺远的地方去寻找将在其上蜕变的悬挂树枝。这时候视力就非常重要了。这种在准备蜕变期间的视力的成熟足以告诉我们，幼虫并非仓促地即兴挖掘自己的上行通道的，而是干了很长的时间。

　　另外，苍白而眼盲的幼虫比成熟状态时体形要大。它身体内充满了液体，就像是患了水肿。用指头捏住它，尾部便会渗出清亮的液体，弄得全身湿漉漉的。这种由肠内排出来的液体是不是一种尿液？或者只是吸收液汁的胃消化后的残汁？我无法肯定，为了说起来方便，我就称它为尿吧。

喏，这个尿泉就是谜底。幼虫在向前挖掘时，也随时把粉状泥土浇湿，使之成为糊状，并立即用身子把糊状泥压贴在洞壁上。这具有弹性的湿土便糊在了原先干燥的土上，形成泥浆，渗进粗糙的泥土缝隙中去。拌得最稀的泥浆渗透到最里层，剩下的则被幼虫再次挤压、堆积，涂在空余的间隙中。这样一来，坑道便畅通无阻了，一点浮土都不见了，因为已被就地和成了泥浆，比原先的没被钻透的泥土更瓷实、更匀称。

幼虫就是在这黏糊糊的泥浆中干活儿来着，所以当它从极其干燥的地下出来时便浑身泥污，让人觉得十分蹊跷。成虫虽然完全摆脱了矿工的又脏又累的活儿，但并未完全丢弃自己的尿袋；它把剩余的尿液保存起来当作自卫的手段。如果谁离得太近地观察它，它就会向这个不知趣的人射出一泡尿，然后便一下子飞走了。蝉尽管性喜干燥，但在它的两种形态中，都是一个了不起的浇灌者。

　　不过，尽管幼虫身上积满了液体，但它还是没有那么多的液体来把整个地洞挖出的浮土弄湿，并让这些浮土变成易于压实的泥浆。蓄水池干涸了，就得重新蓄水。从哪儿蓄水，又如何蓄水？

　　我极其小心地整个儿地挖开了几个地洞，发现洞底小屋壁上嵌着一根生命力很强的树根须，大小有的如铅笔粗细，有的如麦秸秆一般。露出来可以看得见的树根须短小，只有几毫米。根须的其余部分全都植于周围的土里。当我小心挖掘蝉洞时，总能见到这么一种根须。

　　要挖洞筑室的蝉，在开始为未来的地道下手之前，总要在一个新鲜的小树根的近旁寻觅一番。它把一点儿根须刨出来，嵌于洞壁，而又不让根须突出壁外。这墙壁上的有生命的地点，我想就是液汁泉，幼虫尿袋在需要时就可以从那儿得到补充。如果由于用于土和泥而把尿袋用光了，幼虫矿工便下到自己的小屋里去，把吸管插进根须，从那取之不尽的水桶里吸足了水。尿袋灌满之后，它便重新爬上去，继续干活儿，把硬土弄湿，用爪子拍打，再把身边的泥浆拍实、压紧、抹平，畅通无阻的通道便做成了。

如果没有根须那个大水桶，而幼虫体内的蓄水池又干涸了，那会怎么样呢？下面这个实验会告诉我们的。我捉住了一只正从地下爬出来的幼虫，把它放进一个试管的底部，用松松地堆积起来的一试管干土把它埋起来。这个土柱子高一点五分米。这只幼虫刚刚离开的那个地洞比试管长出三倍，虽说是同样的土质，但洞里的土要比试管里的土密实得多。幼虫现在被我埋在那短小的粉状土柱子里，它能重新爬到外面来吗？如果它努力挖的话，肯定是能爬出来的。对于一只刚在硬土地中挖洞的幼虫来说，一个不坚固的障碍能在话下吗？

然而我有所怀疑。为了最后顶开把它与外界隔开的那道屏障，幼虫已经把最后储备的液体消耗光了。它的尿袋干了，没有活的根须它就毫无办法再把尿袋灌满。我怀疑它无法成功是不无道理的。果不其然，三天后，我看到被埋着的幼虫耗尽了体力，终未能爬上一拇指高。浮土被扒动过，因无黏合剂而无法当场黏合，无法固定不动，刚一拨弄开，便又塌下来，回到幼虫爪下。老这么挖，扒，总也不见大的成效，总是在做无用功。第四天，幼虫便死了。

如果幼虫的尿袋是满的，结果就大不相同。我用一只刚开始准备蜕变的幼虫进行了同样的实验。它的尿袋鼓鼓的，在往外渗液体，身子全湿了。对于它来说，这活儿是小菜一碟。松松的土几乎毫无阻力。幼虫稍稍用尿袋的液体润湿，便把土和成了泥浆，黏合起来，再把它们抹开、抹平。地道通了，但不很规则，这倒不假，随着幼虫不断往上爬，它身后几乎给堵上了。看起来好像是幼虫知道自己无法补充水，因而为了尽快地摆脱一个它很陌生的环境而节约自己身上的那仅有的一点儿液体，不到万不得已绝不动用。就这么精打细算的，十来天之后，它终于爬到了外面来。

出洞口捅开之后，大张着嘴待在那儿，宛如被粗钻头钻出的一个孔。幼虫爬出洞来后，在附近徘徊一阵，寻找一个空中支点，诸如细荆条、百里香丛、禾蒿秆、灌木枝杈什么的。一旦找到之后，它便爬上去，用前爪牢牢地抓住，脑袋昂着。其余的爪子，如果树枝有地方的话，也撑在上面；如果树枝很小，没多少地方，两只前爪钩住就足够了。然后便休息片刻，让悬着的爪臂变硬，成为牢不可破的支撑点。这时候，中胸从背部裂开来。蝉从壳中蜕变而出，前后将近半个小时的工夫。蝉从壳中蜕变出来后，与先前的模样大相径庭！双翼湿润、沉重、透明，上面有一

蝉蜕变后

条条的浅绿色脉络。胸部略呈褐色。身体的其余部分呈浅绿色，有一处处的白斑。这脆弱的小生命需要长时间地沐浴在空气和阳光之中，以强壮身体，改变体色。将近两个小时过去了，却未见有明显的变化。它只是用前爪钩住旧皮囊，稍有

点儿微风吹来，它就飘荡起来，始终是那么脆弱，始终是那么绿。最后，体色终于变深了，越来越黑，终于完成了体色改变的过程。这一过程用了半个小时。蝉儿上午九点悬在树枝上，到十二点半的时候，我看着它飞走了。

旧壳除了背部的那条裂缝而外，并无破损，并且牢牢地挂在那根树枝上，晚秋的风雨也都没能把它吹落或打下。常常可以看到有的蝉壳一挂就是好几个月，甚至整个冬天都挂在那儿，姿态仍旧如同幼虫蜕变时的一模一样。旧壳质地坚固，硬如干羊皮，如同蝉的替身似的久久地待在那儿。

螳螂捕食

有一种南方的昆虫，其令人感兴趣的程度至少与蝉一样，名声却远不及后者，因为它总是悄无声息。这里的人们称它为"祷上帝"，学名则叫螳螂，拉丁文名为"修女袍"。

天真幼稚的好心的人们，你们犯了多么大的错误哇！它的种种祈祷似的神态掩藏着许多的残忍习性；那两只祈求的臂膀是可怕的劫掠工具。它并不捻动念

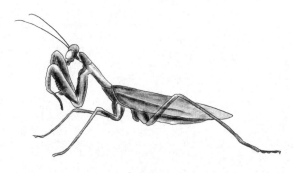

螳螂

珠，而是要结果一切从旁边经过的猎物。人们怎么也没想到螳螂竟然是直翅目食草昆虫中的一个例外，它专门吃活食。它是昆虫界和平居民的老虎，是埋伏着捕捉新鲜肉食的妖魔。可想而知，它力大无穷，又嗜肉成性，外加它那完美而可怕的捕捉器，使它可能成为野地上的一霸。"祷上帝"可能变成了凶神恶煞般的刽子手。

如果不提它那置人死地的工具，螳螂其实没有什么可以让人担惊受怕的。它甚至不乏典雅优美，因为它体形矫健，上衣雅致，体色淡绿，薄翼修长。它没有张开如剪刀般的凶残大颚，相反却小嘴尖尖，好像生就是用来啄食的。借助从前胸伸出的柔软脖颈，它的头可以转动，左右旋转，俯仰自如。昆虫之中，唯有螳螂引导目光，可以观察，可以打量，几乎还带面部表情。

它整个身躯一副安详状，同极其准确地被誉为"杀人机器"的前爪相比起来，反差极大。它的腰肢异常长而有力，其功用就是向前伸出狼夹子，不是坐等猎物送死，而是去捕捉食物。捕捉器稍有点儿装饰，颇为漂亮。腰肢内侧饰有一个美丽的黑圆点，中心有白斑，圆点周围有几排细珍珠粒作为陪衬。

它的大腿更加长，宛如扁平的纺锤，前半段内侧有两行尖利的齿刺。里面一行有十二颗长短相间的齿刺，长的黑色，短的绿色。这种长短齿刺相间增加了啮合点，使利器更加锋利有效。外面的一行简单得多，只有四颗齿刺。两行齿刺末端有三颗最长的。总之，大腿是一把双排平行刃口的钢锯，其间隔着一条细槽，小腿屈起可放入其间。

小腿与大腿有关节相连，伸屈非常灵活，它也是一把双排刃口钢锯，齿刺比大腿上的钢锯短些，但数量更多更密。末端有一硬钩，其尖利可与最好的钢针相媲美，钩下有一小槽，槽两侧是双刃弯刀或截枝剪。

这硬钩是高精度的穿刺切割工具，让我一看到就觉得后怕。这家伙用修枝剪挠你，用尖钩划你，用钳子夹你，让你几乎无还手之力，除非你用拇指捏碎它，结束战斗，那样的话，你也就抓不着活的了。

螳螂在休息时，捕捉器折起来，举于胸前，看上去并不伤害别人，一副在祈祷的昆虫的架势。但是，一旦猎物出现，它就立刻收起它那副祈祷姿态。捕捉器的那三段长构件突地伸展开去，末端伸到最远处，抓住猎物后便收回来，把猎物送到两把钢锯之间。老虎钳宛如手臂内弯似的，夹紧猎物，这就算是大功告成了：蝗虫、蚱蜢或其他更厉害的昆虫，一旦夹在那四排尖齿交错之中，便小命呜呼了。无论它如何拼命挣扎，又扭又蹬，螳螂那可怕的凶器是死咬住不放的。

对螳螂的习性进行系统研究的话，必须要在家中饲养，在野外它无拘无束的情况下，是研究不了的。饲养它并不困难，因为只要有好吃好喝的伺候，它并不在乎被囚在钟形罩中。我们得每天给它精美食物，天天换样，那它就不会因失去荆棘丛而感觉遗憾了。

我准备了十来只宽大的金属网罩，用来关押我的囚徒，同饭桌上罩饭菜防苍蝇的网罩一样。每一个罩子都扣在一个装满沙子的瓦罐上。笼里放着一束干百里香、一块为将来产卵用的平石头，这就是它的全部家当。这一座座的小屋排放在我动物实验室的大桌子上，那儿白天大部分时间日照充足。我把我的俘虏们关在笼子里，有的单独囚禁，有的集体关押。

我是八月下旬开始在路边干草堆中和荆棘丛里看到成年螳螂的。肚子已经很大了的雌性螳螂日见增多。而它们的瘦弱的雄性伴侣却比较少见，我有时得花很大的劲儿才能给我的那些雌性俘虏配对，因为囚笼中那些雄性小个子经常被悲惨地吃掉。这种惨剧我们先按下不表，先来说说那些雌性螳螂。

雌性螳螂饭量极大，喂养时间长达数月，所以食物的维系并非易事。几乎必须每天更换食物，而大部分都是被它们稍微尝上几口便不屑地弃之不食了。我敢相信，螳螂在它们的出生地荆棘丛中，会更注意节约些的。由于猎物不充足，它们会把到手的食物吃干净为止，可在我的笼子里，它们就大手大脚的了，常常是咬上几口之后，便把那鲜美的食物撇下不吃了。

它们似乎在以这种方式排遣囚禁之烦恼吧。

我每天在围墙周围转悠，企图能为我的住客们弄点儿鲜美猎物。这些美味食物是我想用来了解螳螂的胆量和力气到底有多大的。在这些美味之中，大灰蝗虫要比螳螂大很多；白额螽斯的大颚有力。还有两种可怕的猎物：一个是圆网蛛，肚子似圆盘；另一个是冠冕蛛，形象凶恶，令人望而生畏。

各种各样的蝗虫，还有蝴蝶、蜻蜓、大苍蝇、蜜蜂以及其他中不溜儿的昆虫，都是它日常所能抓到的猎物。反正，在我的笼子里，大胆的女猎手在任何猎物前都没有退缩过。无论是灰蝗虫还是螽斯，也无论是圆网蛛还是冠冕蛛，迟早都逃不脱它的利爪，在它的锯齿内动弹不得，被它津津有味地嚼食。这种情形是值得讲述一下的。

一看见罩壁上傻乎乎靠近的大蝗虫，螳螂痉挛似的一颤，突然摆出吓人的姿态。电流击打也不会产生这么快的效应的。那转变是如此突然，样子是如此吓人，以致一个没有经验的观察者会立即犹豫起来，把手缩回来，生怕发生意外。

鞘翅随即张开，斜拖在两侧；双翼整个展开来，似两张平行的船帆立着，宛如脊背上竖起阔大的鸡冠；腹端蜷成曲棍状，先翘起来，然后放下，再突然一抖，放松下来，随即发出噗噗的声响，宛如火鸡展屏时发出的声音一般，也像是突然受惊的游蛇吐芯时的声响。

它的身子傲岸地支在四条后腿上，上身几乎呈垂直状。原先收缩相互贴在胸前的劫持爪，现在完全张开，呈十字形挺出，露出装点着排排珍珠粒的腋窝，中间还露出一个白心黑圆点。这黑的圆点恍如孔雀尾羽上的斑点，再加上那些象牙质的纤细凸纹，是它战斗时的法宝，平时是密藏着的，只是在打斗时为了显得凶恶可怕，盛气凌人，才展露出来。

螳螂以这种奇特姿态一动不动地待着，目光死死地盯住大蝗虫，对方移动，它的脑袋也跟着稍稍转动。这种架势的目的是显而易见的：螳螂是想震慑、吓瘫强壮的猎物，如果后者没被吓破了胆的话，后果将不堪设想。

它成功了吗？谁也搞不清楚螽斯那光亮的脑袋里或蝗虫那长脸后面在想些什么。它们那麻木的面罩上没有任何的惊恐呈现在我们的眼前。但是，可以肯定被威胁者是知道危险的存在的。它看见自己面前挺立着一个怪物，高举着双钩，准备扑下来；它感到自己面对着死亡，还来得及时它却并没有逃走。它本是个长腿的蹦跳者，善于高跳，轻而易举地就能跳出对方利爪的范围，却偏偏蠢乎乎地待在原地，甚至还慢慢地向对方靠近。

据说，小鸟见到蛇张开的大嘴会吓瘫，看见蛇的凶狠目光会动弹不得，任由对方吞食。许多时候，蝗虫差不多也是这么一种状态。现在它已落入对方威慑的范围。螳螂将两只大弯钩猛压下来，爪子一抓，双锯合拢、夹紧。不幸的蝗虫已无还手之力：它的大颚咬不着螳螂，后腿只是胡乱地蹬踢。它的小命休矣。螳螂收起它的战旗——翅膀，复现常态，开始美餐。

在抓获蚱蜢和距螽这种危险小于大灰蝗虫和螽斯

的昆虫时，螳螂那魔怪般的姿态没有那么咄咄逼人，持续时间也没那么长。它只需将大弯钩一伸就解决问题了。对付蜘蛛也是如此，只需拦腰抓住对方，就用不着担心其毒钩了。对于其日常食物里的不起眼的蝗虫，无论是在我笼子里的还是野地里的，螳螂都极少用它的震慑法子，它只是一把抓住闯进它的势力范围的冒失鬼就完事了。

当要捕食的活物可能会进行顽强抵抗时，螳螂则不敢怠慢，要利用一种震慑、恫吓猎物的姿态，让自己的利钩有办法稳稳地钩住对方。随后，它的狼夹子便把吓傻了无还手之力的受害者夹紧。它就是以这种迅猛的魔怪般的姿势把自己的猎物吓瘫了的。

在这种怪诞的姿势中，双翅起了很大的作用。螳螂的翅膀很宽大，外边缘呈绿色，其余部分系无色半透明的。纵向上有许多经翅脉，呈扇面状辐射开来。还有一些更细的、横向的翅脉，呈直角地与纵向翅脉相切，与之形成无数的网眼。在呈魔怪姿态时，翅膀展开，立成两个平行的平面，几乎相互触及，犹如昼间休憩的蝴蝶的翅膀一样。两翅之间，翘卷着的腹端突然剧烈抖动起来。肚腹摩擦翅脉，发出一种喘息声，我把它比作处于防御的游蛇吐芯的声音。如果要模仿这种声响，只需用指尖快速擦过展开的翅膀的正面即可。

几天没吃食的螳螂，因饥饿难忍，能一下子把与它相同大小或比它个头儿大的灰蝗虫全部吃掉，只撇下其翅膀，因为翅膀太硬而无法消受。为了吃光这么个大猎物，两小时足够了。但这么狼吞虎咽的情况甚是罕见。我曾见到过一两次，我当时就一直纳闷儿，这个饕餮者是怎么找到地方存这么多的食物的？容量小于容积的原理是怎么颠倒过来为螳螂服务的？我惊叹它的胃的高超特性，竟能让食物立即消化、溶解，穿肠而过。

虽然说它那尖尖小嘴似乎并不像是生就为大吃大喝所用的，猎物却被它吃光了，只剩下双翅，而且，翅根上多少有点儿肉的地方也没有放过。爪子、硬皮全都穿肠而过。有时候，螳螂抓住一条肥硕的后大腿，送到嘴边，细细地品味着，一副心满意足的神态。

　　螳螂先从猎物的颈部下口。当一只劫持爪拦腰抓住猎获物时，另一只则按住后者的头，使脖颈上方断裂开来。于是，螳螂便把尖嘴从这失去护甲的地方插进去，锲而不舍地啃吃开来。猎物颈部裂开了大口。头部淋巴已遭破坏，蹬踢也就随之停止，猎物便成了一个没有知觉的尸体，螳螂因而可以自由选择，想吃哪儿就吃哪儿了。

蟋蟀的住宅

居住在草地上的蟋蟀，差不多和蝉一样有名。它的出名不光由于它的唱歌，还由于它的住宅。

别的昆虫大多在临时的隐蔽所藏身。它们的隐蔽所得来不费功夫，弃去毫不可惜。蟋蟀和它们不同，不肯随遇而安。它常常慎重地选择住址，一定要排水优良，并且有温和的阳光。它不利用现成的洞穴。它的舒服的住宅是自己一点儿一点儿挖掘的，从大厅一直到卧室。

蟋蟀怎么会有建筑住宅的才能呢？它有特别好的工具吗？没有。蟋蟀并不是挖掘技术的专家。它的工具是那样柔弱，所以人们对它的劳动成果感到惊奇。

在儿童时代，我到草地上去捉蟋蟀，把它们养在笼子里，用菜叶喂它们。现在为了研究蟋蟀，我又搜索起它们的巢穴来。

在朝着阳光的堤岸上，青草丛中隐藏着一条倾斜的隧道，即使有骤雨，这里也立刻就会干的。隧道顺着地势弯弯曲曲，最多九寸深，一指宽，这便是蟋蟀的住宅。出口的地方总有一丛草半掩着，就像一座门。蟋蟀出来吃周围的嫩草，决不去碰这一丛草。那微斜的门口，经过仔细耙扫，收拾得很平坦。这就是蟋蟀的平台。当四周很安静的时候，蟋蟀就在这平台上弹琴。

屋子的内部没什么布置，但是墙壁很光滑。主人有的是时间，把粗糙的地方修理平整。大体上讲，住所是很简朴的，清洁、干燥，很卫生。假使我们想到蟋蟀用来挖掘的工具是那样简单，这座住宅真可以算是伟大的工程了。

蟋蟀盖房子大多是在十月，秋天初寒的时候。它用前足扒土，还用钳子搬掉较大的土块。它用强有力的后足踏地。后腿上有两排锯，用它们将泥土推到后面，倾斜地铺开。

工作做得很快。蟋蟀钻到土底下干活儿，如果感到疲劳，它就在未完工的家门口休息一会儿，头朝着外面，触须轻微地摆动。不大一会儿，它又进去继续工作。我一连看了两个钟头，看得有些不耐烦了。

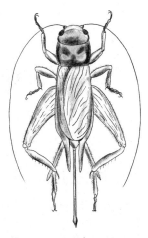

蟋蟀

住宅的重要部分快完成了。洞已经挖了有两寸深，够宽敞的了。余下的是长时间的整修，今天做一点儿，明天做一点儿。这个洞可以随天气的变冷和它身体的增长而加深加阔。即使在冬天，只要天气温和，太阳晒到它住宅的门口，还可以看见蟋蟀从里面不断地抛出泥土来。

田野地头的蟋蟀

　　谁想观看蟋蟀产卵都用不着做什么准备工作，只要有点儿耐心就行。布封说，耐心是一种天赋，我却谦虚地称之为观察者的优秀品质。四月份，最迟五月份，我们给它们配对，单独放在花盆里，放一层土，压实。食物只是一片莴苣叶，要常常换上新鲜的。花盆上盖上一块玻璃，以防它们跳出来跑掉。

　　这种装置简单有效，必要时还可以加一个金属网罩，那就更加高级了，这样我们就可以获得一些极其有趣的资料了。我们以后再谈这些。眼下，我们要盯着看它产卵，必须时刻警惕着，不让有利时机溜掉。

　　我持之以恒的观察有了初步满意的结果是在六月的第一个星期。我突然发现母蟋蟀一动不动，输卵管垂直地插入土层里。它并不在意我这个冒失的观察者，久久地待在那同一个点上。最后，它拔出输卵管，漫不经心地把那小孔洞的痕迹给抹掉，歇息片刻，溜达了一会儿，随即便在其花盆内它的地界里继续产卵。它像白额螽斯一样重复干着，但动作要慢得多。二十四小时之后，产卵似乎结束了。为了保险起见，我又继续观察了两天。

之后，我翻动花盆的土。卵呈淡黄色，两端圆圆的，长约三毫米。卵一个一个地垂直排列于土里，每次产卵的数目不等，有多有少，相互靠紧在一起。我在整个花盆的两厘米深的土里都发现有卵。我用放大镜勉为其难地尽量数清土里的卵，我估计一只母蟋蟀一次产卵有五六百个。这么多的卵肯定不久就会大大地被淘汰。

蟋蟀卵真像是个绝妙的小机械。孵出后，卵壳似一只不透明的白筒子，顶端有一个十分规则的圆孔，圆孔边缘是一个圆帽，作为孔盖用。圆帽并非由新生儿随意顶开或钻破的，而是中间有一条特别线条，闭合不紧，可自动启开。看卵孵出真是挺有趣的。

卵产下之后大约半个月，前端出现两个又大又圆的黑黄点，那是蟋蟀的眼睛。在这两个圆点稍高处，在圆筒子的顶端，出现一条细小的环状肉。卵壳将从这儿裂开。很快，半透明的卵就能让我们看到婴儿那孵化中的小样。这时候就必须倍加小心，增加观察次数，尤其是早晨。

幸运垂青耐心的人，我的孜孜不倦终于有了报偿。稍稍隆起的肉在不停地变化着，出现了一拱就破的一条细线。卵的顶端被其中的婴儿的额头顶着，顺着那条细肉线抻着，像小香水瓶一样微微启开，分落两旁。蟋蟀便从这个魔盒中钻出来了。

小蟋蟀出来之后，壳还鼓胀着，光滑而完整，呈纯白色，圆帽挂在孔口。鸟蛋是由雏鸟喙上专门长着的一个硬肉瘤撞破的；蟋蟀的卵则是一个高级小机械，犹如一只象牙盒子似的自动启开。小蟋蟀额头一顶，铰链就启动，壳就张开了。

小蟋蟀一脱掉身上的那件精细外套，浑身发灰，几近白色，立刻便与上面压着的土搏斗开来。它用大颚拱土；它蹬踢着，把松软的碍事的土扒拉到身后去。它终于钻出土层，沐浴着灿烂的阳光，但它如此瘦小，不比一只跳蚤大，在弱肉强食的世界上经历风险。二十四个小时后，它体色变化，成了一只漂亮的小黑蟋蟀，乌黑的颜色可与成年蟋蟀一争高下。原先的灰白色只剩下一条白带围着胸前，宛如牵着婴孩学步的背带。

它十分敏捷，用它那颤动着的长触须探查周围空间；它奔跑，蹦跳，开心得很，以后体态发胖就没这么活蹦乱跳的了。它年幼胃嫩，该给它吃些什么呢？我全然不知。我像喂成年蟋蟀一样，拿嫩莴苣叶喂它。它不屑吃，或者也许是吃了点儿而我没看出来，因为它咬的印迹不明显。

不几天工夫，我的十对蟋蟀大家庭成了我的一大负担。一下子就是五六千只小蟋蟀，当然是一群漂亮的小家伙，可我对它们需要如何照料一无所知，这叫我如何是好。啊，我可爱的小家伙们，我将给予你们充分的自由，我将把你们托付给大自然这个至高无上的教育者。

就这么办了。我找到花园里一些最好的地方，把它们这儿那儿地放生一些。如果它们一个个都活得很好，明年我的门前会有多么美妙动听的音乐会呀！但是，这美景并未出现，可能不会有什么美妙动听的音乐会了，因为母蟋蟀虽然大量产仔，但随之而来的是凶残的杀戮。幸存下来的很可能只有几对蟋蟀。

首先奔来抢掠这天赐美味、大开杀戒的是小灰壁虎和蚂蚁。尤其是蚂蚁这个可恶的强徒，恐怕不会给我的花园里留下一只蟋蟀的。它抓住可怜的小家伙们，咬破它们的肚皮，疯狂地大嚼一通。

啊！该死的恶虫！可我们一直把它视为第一流的昆虫呢！书本上在赞扬，对它还赞不绝口；博物学家们把它们捧上了天，每天都在为它们锦上添花；动物界同人类一样，让自己威声远扬的办法有千万种。

谁都不了解弥足珍贵的清洁工食粪虫和埋葬虫，可吸血的蚊虫、长毒刺的凶狠好斗的黄蜂以及专干坏事的蚂蚁无人不知无人不晓。在南方的村子里，蚂蚁毁坏房屋椽子的热情如同它们掘空一棵无花果树一样。我无须赘述，每个人都能从人类的档案馆中找到类似的例证：好人无人知晓，恶人声名远扬。

由于蚂蚁以及别的一些杀戮者的屠杀之无情，我花园中开始时数量众多的蟋蟀日渐稀少，使我的研究难以为继。我只好跑到花园以外的地方去进行观察了。

八月里，在尚未被三伏天的烈日烤干的草地上的小块绿洲的落叶中，我发现了已经长大了的小蟋蟀，与成年蟋蟀一样全身墨黑，初生时的白带子已经全褪去了。它居无定所，一片枯叶、一片砖瓦足可以遮风避雨，犹如不考虑何处歇足的流浪者的帐篷一样。

直到十月末，初寒来临，它才开始筑巢做窝。据我对因于钟形罩中的蟋蟀的观察，这个活儿非常简单。蟋蟀从不在其中的一个裸露地点筑巢，而总是在吃剩的莴苣叶遮盖着的地方做窝，莴苣叶代替了草丛作为隐藏时不可或缺的遮檐。

蟋蟀工兵用前爪挖掘，利用其颚钳挖掉大沙砾。

我看见它用它那有两排锯齿的有力的后腿在蹬踢，把挖出的土踹到身后，呈一斜面。这就是它筑巢做窝的全部工艺。

一开始活儿干得挺快。在我的囚室的松软土层里，两个小时的工夫，挖掘者便消失在地下了。它还不时地边后退边扫土地回到洞口。如果干累了，它便在尚未完工的屋门口停下来，头伸在外面，触须微微地颤动着。休息片刻之后，它又返回去，边挖边扫地继续干起来。不一会儿，它又干干歇歇，歇息的时间也越来越长，我观察的劲头儿也随之减低了。

最紧迫的活计完成了。洞深两寸，目前已够用了，余下的活计费时费力，得抽空去做，每天干点儿。天气日渐转凉，自己的身体在渐渐长大，巢穴得逐渐加深加宽。即使到了大冬天，只要天气暖和，洞口有阳光，也能常常看见蟋蟀在往外弄土，说明它在修整扩建巢穴。到了春光明媚时，巢穴仍在继续维修，不停地修复，直至屋主去世为止。

四月过完，蟋蟀开始歌唱，先是一只两只，羞答答地在独鸣，不久便响起交响乐来，每个草窠窠里都有一只在歌唱。我很喜欢把蟋蟀列为万象更新时的歌唱家之首。在我家乡的灌木丛中，在百里香和薰衣草盛开之时，蟋蟀不乏其应和者：百灵鸟飞向蓝天，展放歌喉，从云端把其美妙的歌声传到人间。地上的蟋蟀虽歌声单调，缺乏艺术修养，但其淳朴的声音与万象更新的质朴欢快又是多么和谐呀！它唱的是万物复苏的赞歌，是萌芽的种子和嫩绿的小草能听懂的歌。在这二重唱中，优胜奖将授予谁？我将把它授予蟋蟀。它以歌手之多和歌声不断占了上风。当田野里青蓝色的薰衣草如同散发青烟的香炉，在迎风摇曳时，百灵鸟就不再歌唱了，人们只能听见蟋蟀仍在继续低声地唱着，仍在庄重地歌颂着。

现在，解剖家跑来啰唆了，粗暴地对蟋蟀说："把你那唱歌的玩意儿让我们瞧瞧。"它的乐器极其简单，如同真正有价值的一切东西一样；它与螽斯的乐器原理相同：带齿条的琴弓和振动膜。

蟋蟀的右鞘翅除了裹住侧面的皱襞而外，几乎全部覆盖在左鞘翅上。这与我们所见到的绿蚱蜢、螽斯、距螽以及它们的近亲完全相反。蟋蟀是右撇子，而其他的则是左撇子。

两个鞘翅结构完全一样，知道一个也就了解了另一个。我们来看看右鞘翅吧。它几乎平贴在背上，但在侧面突呈直角斜下，以翼端紧裹着身体，翼上有一些斜向平行细脉。背脊上有一些粗壮的翅脉，呈深黑色，整体构成一幅复杂而奇特的图画，形同阿拉伯文似的天书。

鞘翅透明，呈淡淡的棕红色，只是两个连接处不是如此，一个连接处大些，三角形，位于前部，另一个小些，椭圆形，位于后部。这两个连接处都由一条粗翅脉围着，并有一些细小的皱纹。第一处还有四五条加固的人字形条纹；后一处只是一条弓形的曲线。这两处就是这类昆虫的镜膜，构成其发声部位。其皮膜的确比别处的细薄，是透明的，略呈黑色。

那确实是精巧的乐器，比螽斯的要高级得多。弓上的一百五十个三棱柱齿与左鞘翅的梯级互相啮合，使四个扬琴同时振动，下方的两个扬琴靠直接摩擦发音，上方的两个则由摩擦工具振动发声。所以，它发出的声音是多么雄浑有力呀！螽斯只有一个不起眼的镜膜，声音只能传到几步远的地方，而蟋蟀有四个振动器，歌声可以传到数百米以外。

蟋蟀声音亮度可与蝉匹敌，而且还不像蝉的叫声那么沙哑，令人讨厌。更妙的是，蟋蟀的叫声抑扬顿挫。我们说过，蟋蟀的鞘翅各自在体侧伸出，形成一个阔边，这就是制振器，根据阔边往下多少与腹部软体部分接触的面积大小，可改变声音的强弱，使蟋蟀据此时而是轻声低吟，时而是歌声嘹亮。

只要是不爆发交尾期间本能的争斗，蟋蟀便会在一起和平相处。但求欢者们之间，打斗是家常便饭，而且互不相让，但结局倒并不严重。两个情敌相互头顶着头，互相咬脑袋，但它们的脑壳是一顶坚硬的头盔，能够顶住对方铁钳的夹掐，只见它俩你顶我拱，扭在一起，然后复又挺立，随即各自离去。战败者逃之夭夭；得胜者放开歌喉羞辱对方，然后转而柔声低吟，围着情人轻唱求欢。

求欢者很会搔首弄姿。它手指一勾，把一根触须拽回到大颚下面，把它蜷曲起来，用其唾液作为美发霜在其上涂抹。它那尖钩、镶着红饰带的长长的后腿焦急地跺着，向空中蹬踢着。它因激动而唱不出声来。它的鞘翅在急速地颤动着，却不再发出声响，或者只是发出一阵零乱的摩擦声。

求爱无果。母蟋蟀跑到一片生菜叶下躲藏起来。但还会微微撩起门帘偷看，而且也想被那只公蟋蟀看见。

它向柳树丛中逃去，
却在偷窥着求欢者。

两千年前的一首牧歌就是这么温情地唱颂的。情人间打情骂俏到哪儿都一个样！

萤 火 虫

在我们这个地区，萤火虫可谓无人不知，无人不晓，没有什么昆虫像它那样家喻户晓。这种人见人爱的小东西，为了表达生活的欢乐，竟然在屁股上面挂了一只小小的灯笼。炎热的夏夜里，没有人没见过它。古希腊人把它称为"朗皮里斯"，意为"屁股上挂灯笼者"；法语中则称它为"发光的蠕虫"。其实，萤火虫绝对不是什么蠕虫，即使从外表上来看，它也不像蠕虫。它有六只短小的脚，而且十分明白如何使用自己的脚。它是可以用小碎步奔跑的昆虫。雄萤火虫发育完全后，如同真正的甲虫，长着鞘翅。但是雌萤火虫无此造化，享受不到飞翔的快乐，终身保持着幼虫的形态。不过，雄萤火虫在尚未达到交尾期时，形态也是不完全的。即便如此，称它为"蠕虫"也是不恰当的。法国有句俗语，叫"像蠕虫一样一丝不挂"，用以形容身上未穿任何保护性的衣物，但是，萤火虫是穿着衣服的，这是指它有略为坚韧的外皮，而且有斑斓的色彩，身体呈棕色，胸部呈粉红色，环形服饰的边缘还点缀着两个红红的小斑点。这哪儿会是蠕虫呢？

我们先来看看萤火虫以什么为生吧。萤火虫看上去既小又弱，像是与他人无害，却是最小的食肉动物，是猎取野味的猎手，而且捕猎时相当狠毒。它的猎物通常是蜗牛。昆虫学家们早已知道萤火虫这一习性。但是，我从他们书里的介绍中总感到人们对这一点了解得很不充分，特别是对萤火虫奇怪的攻击方法几乎一无所知。

萤火虫在啃噬猎物之前，先将猎物麻醉，使猎物失去知觉。它的猎物通常是很小的蜗牛，个头儿还没有樱桃大，是处于变形状态的蜗牛。夏日里，这种蜗牛一大群一大群地聚集在稻子和麦子的茎秆上，或者其他植物干枯的长茎上，在上面一动不动地待上整整一个炎热的夏季。在这种时候，蜗牛处于这种状态，我不止一次地观察到萤火虫对猎物发动攻击，对之施以灵巧的外科麻醉手术，使猎物在颤动着的茎秆上昏死过去，然后对猎物下口，美餐一顿。

萤火虫对其猎物的其他藏身处所也了如指掌。它经常飞到沟渠旁边，因为那儿土地潮湿，杂草丛生，是蜗牛喜爱的栖身之所。在这种情况下，萤火虫便在地上对蜗牛施以麻醉手术。我在家中也饲养了一些萤火虫，它们很容易被捕捉到，也很容易喂养，因此，我可以仔细地观察研究这位外科医生做手术的详细过程。

我在一个大玻璃瓶里放上一些草，把捉到的几只萤火虫和几只蜗牛也放了进去。蜗牛个头儿正合适，不大不小，正在等待变形，符合萤火虫的口味。我寸步不离地监视着玻璃瓶中的情况，因为萤火虫攻击猎物是瞬间发生的事情，不高度集中精力，必然会错过观察的机会。

我终于看到了。萤火虫稍微探了探捕猎对象。蜗牛通常全身藏于壳内，只有露出一点儿外套膜的软肉在壳的外面。萤火虫见状，便立刻打开它那极其简单、用放大镜才能看到的工具。这是两片呈钩状的颚，锋利无比，细若发丝。用显微镜观察，可见弯钩上有一道细细的小槽沟，这就是它的工具。它用这种外科手术器械不停地轻轻击打蜗牛的外套膜，其动作不像在做手术，而像在与猎物亲吻。用孩子们的话来说，它像在与蜗牛"拉钩"。它在拉钩时，有条不紊，慢条斯理，每拉一次，都要稍事休息片刻，似乎是在观察拉钩的效果。它拉钩的次数并不多，顶多五六次，就足以把猎物制服，使之动弹不得。然后，它就要动嘴进食了，它很可能也要用弯钩去啄，因为我几次都未能观察清楚，所以对这一点说不太准。总之，萤火虫在施行麻醉手术时动作麻利，立竿见影，快如闪电，不用问，它利用带细槽的弯钩已经把毒液注入蜗牛体内，使之昏死过去了。

我检查了一下猎物。在萤火虫与蜗牛拉了四五次钩之后，我便立即从萤火虫口中夺下它的猎物，用针尖刺蜗牛的前部，即蜗牛暴露在壳外的身体。它没有任何反应，仿佛一具没有生气的尸体。

我还发现一个令我信服的例子。有一次，我幸运地看到一只蜗牛正在爬行，其足正在蠕动着，突然，萤火虫向它发动了袭击。蜗牛十分惊慌，乱动了几下，然后便一动不动了。它的足不再蠕动，身体的前部也失去了如同天鹅脖颈那种优美的弯曲状，触角软软地耷拉下来，如同一只折断的手杖。它一直保持着这种状态。

蜗牛是否真的被蜇死了呢？没有，根本没有。我可以让这只表面上看似已死的蜗牛活过来。我把这个处于半死不活状态的病人隔离开，给它洗了个澡，尽管这对于取得实验的成功并非绝对必要。

两天后，这只被萤火虫施行麻醉手术的蜗牛终于复活了，它又能动弹了，又有感觉了。我用针尖刺它，它有反应，它开始蠕动，爬行，伸出触角，仿佛什么危险都没有发生过。那种昏昏沉沉、如死一般的全麻状态已经消失，它苏醒过来了。

对于蜗牛这样一个与世无争、平和温驯的对手，萤火虫又何必先对其施行麻醉手术呢？这使我想起了另一种昆虫，名叫德里尔虫，生活在阿尔及利亚。虽说这种昆虫不会发光，但其身体结构，尤其是在习性方面，与法国的萤火虫颇为相似。德里尔虫以陆生软体动物为食，它所捕食的是一种圆口类动物，这种动物长着美丽雅致的陀螺形外壳。一块结实的肌肉把一个石质封盖固定在这种圆口类动物身上，这个石质封盖把甲壳闭合得严严实实。这个封盖是个活动的门。居于甲壳内的隐居者只需缩回身子，封盖便立即盖上。当隐居者想要外出时，此门也很容易打开。德里尔虫被黏附器（我们下面将会看到萤火虫也具有这种装备）固定在蜗牛的甲壳表面，耐心地等待着、窥伺着，等着甲壳里面的蜗牛憋不住露出身子，便立刻冲到门边，把门挡住，使门关不上，它自己再进入门内，占领这个城堡。我并没有经常见到这种德里尔虫，但我认为它的进攻策略与我们的萤火虫颇为相似——它钻进甲壳内，身子扭动几下，里面的隐居者也就丧失了反抗能力。

我们还是回过头来谈谈我们的萤火虫吧。如果蜗牛在地上爬行，甚至就龟缩在壳里，萤火虫袭击它是很容易的事，因为蜗牛的壳没有封盖，而且，蜗牛身体的前部暴露在壳外，因此它无法自卫，很容易被伤害。即使蜗牛待在高处，紧贴在一株禾本植物的茎秆上，或者紧贴在一块光滑的石头上，袭击者无从下手，但是，只要这个外界的封盖稍有缝隙，它仍然难逃厄运。

萤火虫施行麻醉手术时，总是非常小心、轻手轻脚地对待它的猎物，不想引起猎物的注意，免得它挣扎、乱动，从高处掉到地上。如果猎物掉到地上，萤火虫也就不会再想方设法地寻找它了，因为它只是依靠运气去捕捉落入口中的猎物，而不想费心去寻来找去。因此，萤火虫在发动袭击的时候从不掉以轻心，总是小心谨慎地不让猎物感到疼痛，使其肌肉失去反应，否则猎物会从高处掉下来，到嘴的猎物便不见了。由此不难看出，突然对猎物施行深度麻醉，一击即中，是它捕捉猎物的绝招。

萤火虫如何享用猎物呢？它是不是真的吃它？也就是说，它是不是把蜗牛切成细小的碎块，然后用所谓的咀嚼器把它们嚼烂咽到肚子里去？我看并非如此。我所捕捉到的萤火虫，嘴上从未有固体食物的碎渣细末之类的。萤火虫的"吃"，并不是真正意义上的那种吃，而是吮吸，如同蛆虫，把猎物化为汁液，然后吸入肚里。与双翅目昆虫爱吃肉的幼虫一样，萤火虫也是先把猎物变为流质，对其进行液化处理、加工，然后食用。我把我所见到的萤火虫进食的过程介绍如下：

萤火虫对蜗牛施行了麻醉。它几乎总是单独操作，即使遇到一只个头儿很大的蜗牛，也不找助手。在它施行完麻醉手术后，总会有宾客不请自来，两三位，四五位，甚至更多。众宾客来到餐桌前，与食物的真正主人并无纷争，毫不客气地尽情享用，不分彼此。两天后，主人与食客都离去了，我便把蜗牛壳口冲下翻过来，只见壳里的东西像锅口朝下倒浓汤似的全流了出来。主客吃饱喝足之后，把残羹剩饭撇下了。

　　事情很明显，我先前所说的拉钩之后，也就是萤火虫东一下西一下地轻轻拍击蜗牛之后，蜗牛昏死过去。然后，众宾客齐上阵，都用特有的消化素对猎物进行加工，最后，蜗牛肉便变成了蜗牛肉粥。接着，大家一起尽情享用，尽兴而去。这样看来，萤火虫嘴上的那两只弯钩是其进攻猎物的利器，它将钩刺入猎物体内，注入麻醉剂，并使猎物的肉质液化，而这麻醉剂很有可能就是萤火虫的体液。在放大镜下仔细观察，可以很清楚地看到它的这种微型器械，我觉得它们不像钩子。它们的中心是空的，与蚁蛉的那对工具颇为相似，蚁蛉就依靠这种工具吸食猎物的肉，而并不把猎物肉切成小细块。不过，萤火虫又与蚁蛉的表现不同：蚁蛉用餐完毕，会从沙地的漏斗状陷阱中抛出大量丰盛的食物；而萤火虫有液化装置，绝不糟蹋食物，或者说，几乎不糟蹋食物。二者掌握着类似的工具，但是，一个是用来吮吸猎物的血液，而另一个则采用液化设备使食物变成流质，全部食用。

有时候，蜗牛所处的位置不太好，难以保持平衡，但是，萤火虫动作敏捷，干净利落地就把它处理完了。我透过喂养萤火虫的那个大口玻璃瓶，清楚地看到了全过程。大口瓶上盖着一块玻璃，蜗牛沿着玻璃瓶内壁往上爬，一直爬到瓶口边沿时才停下来，用少许黏液把壳体粘挂在那儿。它只是在做短暂的停留，所以舍不得用太多软体组织生产的胶黏剂。这样一来，只要稍微地震动一下瓶子，蜗牛壳口就会松脱，蜗牛就会从粘挂的地方摔到瓶底。

我看到瓶子里的那只萤火虫依靠某种攀缘器官沿着瓶子内壁向蜗牛爬去，这种攀缘器官弥补了萤火虫此刻足爪功能的缺陷。萤火虫来到蜗牛的身旁，找到了一处可以下手的缝隙，便轻轻地拍击了几下躲在缝隙内的蜗牛，使它昏死过去，随即开动其液化装置，使蜗牛肉变为蜗牛肉汤，然后美美地吮吸起来。

当萤火虫吃饱喝足之后，蜗牛就剩下了一具空壳。这具空壳虽然只用了少许黏液粘在玻璃上，却仍然牢牢地粘在那里，没有丝毫的移位。壳中的那个隐居者没有挣扎，没有反抗，一点儿一点儿地从固态变成了液态，全都从萤火虫开始发起攻击的那个点上流了出来，流得干干净净，只剩下一具空壳。由此，我们不难看出，萤火虫的麻醉手术之高超、快速，简直让猎物防不胜防。而且，我们还可以看出，萤火虫吃蜗牛的手段之奇妙令人叫绝，竟没有让蜗牛空壳从极其光溜而又垂直的玻璃瓶内壁上掉落下来，甚至没有让只有些许胶粘着的空壳发生丝毫的晃动、移位，这真是不可思议。

萤火虫要在玻璃上或草茎上攀爬，它那又短又笨的爪子显然无法承担这一重任，必须拥有一种特殊的工具。这种特殊工具必须不怕光滑，能攀住无法抓住的物体。萤火虫确实拥有这种特殊工具。它的后腿末端有一个白色的点，用放大镜仔细观察，可以看到那上面约有十二根很短小的肉刺，它们有时收拢起来，缩成一团，有时又伸展开来，好似玫瑰花瓣。这就是它的吸附并移动的器官。萤火虫想要把自己附着在某个地方，甚至是附着在极其光滑的表面上，比如固着在禾本植物的茎秆上，它就把这十二根短小的肉刺伸展开，呈玫瑰花瓣状，牢牢地铺展在所吸附的物体上，用身体的黏性把自己紧紧地黏附在支撑物上。这个特殊器官通过抬高和放低、张开和闭合，帮助萤火虫行走。总而言之，萤火虫可以说是一个双腿残疾者，它在自己的后腿上放上一朵漂亮的白色玫瑰花——一种没有关节、可向四下里活动、有十二个趾肢节的爪子，而这种管状的趾肢节并非抓住而是黏附着物体。这个器官还有一个用途，它可以当作海绵和刷子来使用。萤火虫在进餐之后，便用这把刷子刷头、背、尾及两侧。它之所以全身上下地刷来刷去，是因为它的脊椎很柔韧，可以弯来弯去，哪儿都能够得着。萤火虫在对全身进行擦拭时，非常仔细，一处不漏，足见它对这种运动颇感兴趣，乐此不疲。它这样做的目的究竟是什么呢？很显然，它这是要擦去沾在身上的灰土或者蜗牛肉的残渣。

如果萤火虫只会像亲吻似的轻拍蜗牛，对它施行麻醉手术，而没有其他什么本领，它也就不会这么出名，这么家喻户晓了。它真正名扬四海的原因在于它能在尾部亮起一盏明灯。我们来特别仔细地观察一番雌萤火虫吧。它在达到婚育年龄，在夏季酷热期间发出亮光的过程中，一直保持着幼虫状态。它的发光器位于腹部的最后三节，其中前两节的发光器呈宽带状，另外一个发光组群是最后一个体节的两个斑点。只有发育成熟的雌萤火虫才具有那两条宽带；未来的母亲用最绚丽的装束来打扮自己，擦亮了这光灿灿的宽带，以庆贺自己的婚礼，而在此之前，自刚孵化的时候起，它只有尾部的发光斑点。这种绚丽的彩灯显示着雌萤火虫惯常的身体变态。身体的变态使萤火虫长出翅膀，能够飞翔，从而宣告生理演变过程的结束。这盏光灿灿的灯点亮时，还标志着萤火虫交尾期即将来临。之后，雌萤火虫就没有了翅膀，

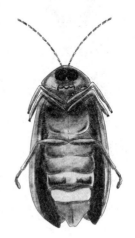

雌萤火虫

不能再飞翔，一直保持着幼虫的卑屈形态，但是，它的那盏明灯始终亮着。

雄萤火虫则有所不同，它得到了充分的发育，改变了形态，拥有鞘翅和翅膀。与雌性一样，从孵化时起，它的尾部就有这盏明灯。总之，萤火虫不管是雌性还是雄性，不管是处在发育时期的什么阶段，其尾部均可发光，这就是整个萤火虫家族的一大特点。而且，这个发光点从背部或腹部都可以看见，但只有雌萤火虫才有那两条宽带，才在腹部下面发光。

雄萤火虫

我的手和眼仍然很听使唤，做起解剖来还算得心应手，因此，我想解剖一下萤火虫的发光器官，以便彻底搞清楚其构造。我终于成功地把一条发光宽带的大部分剥离开来。我在显微镜下仔细地观察了这条宽带，发现其上有一种白色涂料，系极其细腻的黏性物质构成的。这种白色涂料显然就是萤火虫的光化物质。紧靠着这种白色涂料的是一根奇异的气管，主干很短但很粗，下面长了不少细枝，延伸至发光层上，甚或深入体内。

发光器受到呼吸气管的支配，发光是氧化导致的。白色涂层提供可氧化的物质，而长有许多细枝的粗气管则把空气送到这种物质上。现在，我很想搞清楚这个涂层的发光物质究竟为何物。起初，人们以为那是磷，还把它燃烧以化验其成分，但是，据我所知，这种办法并没获得理想的效果。显然，磷并非萤火虫发光的原因，尽管人们有时把磷光称为荧光。这个问题的答案肯定不在这里，而在他处。

萤火虫能够随意地散布它的光亮吗？它能否随意地增强、减弱、熄灭其亮光呢？它是怎么做的呢？它有没有一个不透明的屏幕朝着光源，把光源或遮住或暴露呢？现在，我们对这个问题已很清楚，萤火虫并没有这样的器官，这样的器官对它来说是没有用的，它拥有更好的办法来控制它的明灯。若想增强光的亮度，遍布光化层的气管就会加大空气的流量；如果它把通气量减少甚至停止供气，光就变弱，甚至灯会熄灭。总之，这个机理犹如油灯的机理，其亮度是由空气进入灯芯的量来调节的。

遇到激动的情况，气管就运作起来，灯也就亮了。需要加以区别的是光带和尾灯这两种情况。其一，发光的是那漂亮的宽带，即已到婚育年龄的雌萤火虫独特的饰物；其二，也就是那盏尾灯，萤火虫无论雌雄，无论长幼，都在其最后一个体节上点着一盏小灯。在后一种情况下，由于突然的惊恐不安，萤火虫的情绪发生变化，这盏尾灯或完全地或近乎完全地熄灭。我在夜晚曾经捕捉过萤火虫，眼见那盏尾灯在草上发着亮光，可是，只要我稍不留神碰着了那棵草，草一晃动，灯立即就熄灭了，我想要捕捉的那只昆虫也不见了踪影。但是，即使受到惊吓，发育完全的雌萤火虫身上的宽光带也丝毫不受影响，照样亮着。

我捉了几只雌萤火虫，把它们关进笼子里，放到屋外，笼子旁边放了一把枪。我放了一枪，但是枪声并未产生效果，宽带依旧发光，与放枪前一样明亮。然后，我又用喷雾器把水雾喷洒到它们身上，它们身上的光带依然亮闪闪，没有熄灭，顶多就是亮度上有短暂的减弱而已，而且只是个别的雌萤火虫这样，并不是每只都如此。我猛吸了一口烟，把烟吹进笼子里，光带的亮度倒是更弱了，甚至灭了一会儿，但是时间非常短暂。很快，萤火虫便平静下来，恢复了常态，灯又亮了起来，而且比先前还要明亮。这之后，我又用指头抓住它，把它翻过来掉过去地折腾，又轻轻地摆弄它，只要捏得不太重，它照旧发光，亮度也保持不变。即将处于交尾期的萤火虫，对自己的灯的光亮沾沾自喜，没有极其严重的情况发生，它们是不会把自己的灯完全熄灭的。

从各种实验的结果来看，极其明显的是，萤火虫自己控制着身上的发光器，可以随意地使之或亮或灭。不过，在某种情况下，有无萤火虫的调节都无关紧要。我从其光化层上弄下来一块表皮，放进玻璃管里，用湿棉花把管口堵住，免得表皮过快地蒸发干。

只见这块表皮仍在发光，只不过其亮度不如在萤火虫身上那么强而已。在这种情况下，有无生命并不要紧。氧化物质，即发光层，是与其周围空气直接接触的，无须通过气管输入氧气，它就像真正的化学磷一样，与空气接触就会发光。还应该指出的是，这层表皮在含有空气的水中所发出的亮光，与在空气中所发出的亮光一样。不过，如果把水煮开，沸腾，没了空气，那么表皮的光就熄灭了。这就更加证明，萤火虫的发光是缓慢氧化的结果。

萤火虫发出来的光呈白色，很柔和，这种光虽然很亮，却不具有较强的照射能力。在黑暗处，我用一只萤火虫在一行印刷文字上移动，可以清楚地看出一个个字母，甚至可以看出一个不太长的词来，但是，在这小小的范围之外的一切东西，就看不见了，因此，夜晚，以萤火虫为灯看书，那是不可能的。

如果把一群萤火虫放在一起，让它们彼此紧挨着，每只萤火虫都放着光，那么它们的光就会通过反射照亮旁边的萤火虫，我们似乎也就能够看清一只只萤火虫了。但是，事实又并非如此。这群萤火虫只是杂乱无章地聚集在一起，就算彼此离得很近很近，我们也无法看清萤火虫的模样，因为所有的亮光把萤火虫都混在了一起，成了模模糊糊的一片。

我通过照相技术非常清楚地证实了这种情况。我用金属网钟形罩罩住二十来只充分发光的雌萤火虫，把它们置于露天里。有一丛百里香插在罩子中央，形成一小片林子。夜晚时分，那二十来只雌萤火虫全都爬到罩子顶上去了；它们在竭力地朝着各个方向展示它们那发光的服饰。因此，沿着百里香小枝形成了一串串花序。我指望这一串串花序能够对底板和相纸产生作用，但是我未能遂愿，只得到了一些不成形的白色斑点，根据萤火虫群体的不同情况，有些地方浓些，有些地方浅些，而萤火虫的模拟斑点却一点儿也没有显现，连百里香丛的痕迹也没有显现出来。因缺乏充足的光照，美妙如画的光彩只显现出一团模糊不清、黑乎乎的水浆似的东西来。

由此看来，雌萤火虫的灯光并不是用来照明的。

那么，它到底是干什么用的呢？我想，它是用来召唤情郎的。但是，雌萤火虫的灯是在其肚子下面冲着地面发光的，而雄萤火虫则是随意乱飞，它在上面，在空中，有时在老远的地方往下看，应该说它是看不见雌萤火虫的那盏灯的。但是这种不正常的情况被巧妙地予以纠正了。雌萤火虫自有其高明的调情手段。每天晚上，天完全黑下来的时候，被我拘于钟形罩里的囚徒们就前往我用作监狱的百里香丛。到了这个花丛中，它们便爬到显现得很清楚的细枝上，不像在灌木丛下时那样老老实实地待着，而是在那儿做着激烈的体操运动，一个个把小屁股扭来扭去，一颠一颠地，朝这边扭一下，再朝那边扭一下，把灯光向各个方向打去，这么一来，寻偶求欢的雄萤火虫从附近经过时，无论是在地上还是在空中，肯定都能看到这盏随时都在亮着的灯。这一招有点儿像旋转镜子捕捉云雀的运作方式。这面旋转小镜静止不动时，云雀对它并无什么反应，但是，只要它旋转起来，把它的光弄成了迅速闪动的碎裂的光亮，云雀见了就会激动起来。

雌萤火虫自有召唤求欢者的绝招，而雄萤火虫也不甘示弱，它有一种光学器具，能够老远就看到雌萤火虫那盏灯所发出的最微弱的光。其护甲胀大成盾形，大大地高出了头部，像帽檐或灯罩似的伸向前去，它的作用就在于缩小视野，把目光集中于须识别的光点上。而在其颅顶下面长着两只大眼睛，非常鼓凸，呈球冠形，彼此接近，中间只有一条狭窄的槽沟，以便收放触角。它的这种复眼几乎占据了它的整个面孔，缩在大灯罩所形成的空洞里，真像库克普罗斯的眼睛。

雌雄交配的时候，那盏灯的灯光会变弱，几近熄灭，只有尾部那盏小灯还亮着。春暖花开的时节，田野里，昆虫们都在求欢寻爱，低吟婚庆颂歌，陶醉于欢爱之中，萤火虫的这盏尾灯虽能通宵达旦地亮着，但是也没有哪位去注意它，不会发生任何危险。待交配完毕，萤火虫便立刻产卵，它们并无夫妻感情，没有什么家庭观念，没有慈母之爱，它们把白白、圆圆的卵产在——或者更确切地说是抛撒在——随便什么地方。

有一点却非常奇怪：萤火虫的卵，甚至还在其母亲的体内时，就会发光。如果我在捕捉时不小心捏破了雌萤火虫装满卵的肚子，就会看到一道道汁液闪闪发光地流到我的指头上，好像我把一只装满磷液的囊捏破了似的。我用放大镜仔细观察，那确实是被挤出卵巢的虫卵所发出的光亮。此外，临产时，卵巢里的荧光已经显现出来了，雌萤火虫肚皮表面已经透着一种柔和的乳白色的光。

卵产下不久就会孵化。萤火虫幼虫无论雌雄，尾部都有一盏小灯。寒冬将至时节，幼虫将到地下不太深的，顶多也就是三四寸深的地方。我在大冬天里从地下挖出过几只幼虫，发现它们的尾灯一直亮着。四月将要来临，天气转暖，幼虫便钻出地面，继续完成其变化过程。

总而言之，我通过观察研究得知，萤火虫自出生之日起一直到寿终正寝时止，一直在发光——它的卵在发光；它的幼虫在发光；雌萤火虫亮着的是华丽的灯；雄萤火虫保留着幼年时期那盏已有的小灯。对于雌萤火虫的光带的作用，我可以说已经有所了解，那么，它的尾灯又是干什么用的呢？我很遗憾地说，我尚不得而知。昆虫物理学要比我们书本上的物理学更加深奥，这个问题可能在很长的时间里，甚至在永远的将来，也会是个不解之谜。

隧　蜂

　　隧蜂是酿蜜工匠，体形一般较为纤细，比我们蜂箱中养的蜜蜂更加修长。它们成群地生活在一起，身材和体色又多种多样。有的比一般的胡蜂个头儿要大，有的与家养的蜜蜂大小相同，甚至还要小一些。这么多种多样，会让没经验的人束手无策，但是，有一个特征是永远不会改变的。任何隧蜂都清晰可辨地烙有本品种的印记。

隧蜂

你看看隧蜂肚腹背面腹尖上那最后一道腹环。如果你抓住的是一只隧蜂，那么其腹环则有一道光滑明亮的细沟。当隧蜂处于防卫状态时，细沟则忽上忽下地滑动。这条似出鞘兵器的滑动槽沟证明它就是隧蜂家族之一员，无须再去辨别它的体形、体色。在针管昆虫属中，其他任何蜂类都没有这种新颖独特的滑动槽沟。这是隧蜂的明显标记，是隧蜂家族的族徽。

四月份，工程小心谨慎地开始了，若不是一些新土小包的话，外面是一点儿也看不出来的。外面工地上没有一点儿动静。工匠们极少跑到地面上来，因为它们在井下的活计十分繁忙。有时候，这儿那儿，有这么一个小土包的顶端晃动起来，随即便顺着圆锥体的坡面滑落下去，这是一个工匠造成的，它把清理的杂物抱出来，往土包上推，但它自己并没露出地面。眼下，隧蜂只忙活这种事。

五月带着鲜花和阳光来到了。四月里的挖土方的工人现在变成了采花工。我无论何时都能够看见它们待在开了天窗的小土包顶上，个个都浑身沾满黄花粉。个头儿最大的是斑纹蜂，我经常看见它们在我家花园小径上筑巢建窝。我们仔细地观察一下斑纹蜂。每当储存食物的活计干起来的时候，总会不知从何处突然来了这么一位吃白食者。它将让我们目睹强抢豪夺是怎么回事。

五月里，上午十点钟左右，当储备粮食的工作正干得欢时，我每天都要去察看一番我那人口稠密的昆虫小镇。我在太阳地里，坐在一把矮椅子上，弓着腰，双臂支膝，一动不动地观察着，直到吃午饭时为止。引起我注意的是一个吃白食者，是一种叫不上名字的小飞虫，却是隧蜂的凶狠的暴君。

它是一种身长五毫米的双翅目昆虫，眼睛暗红，面色白净，胸廓深灰，上有五行细小黑点，黑点上长着后倾的纤毛，腹部呈浅灰色，腹下苍白，爪子系黑色。

在我所观察的隧蜂中，它的数量很多。它常常蜷缩在一个地穴附近的阳光下静候着。一旦隧蜂收获归来，爪上沾满黄色花粉，它便冲上前去，尾随隧蜂，前后左右飞来转去，紧追不舍。最后，隧蜂突然钻入自家洞中，这双翅目食客也随即迅疾落在洞穴入口附近。它一动不动地，头冲着洞门，等待着隧蜂干完自己的活计。隧蜂终于又露面了，头和胸廓探出洞穴，在自家门前停留片刻。那吃白食者仍旧纹丝不动。

它们常常是面对面，间隔不到一指宽。双方都不动声色。隧蜂没有戒备伺机偷食的食客，至少，其外表之平静让人做如是想，而食客也丝毫没有担心自己的大胆行为会受到惩罚。面对一根指头就能把它压扁的巨人，这个侏儒仍旧岿然不动。

巨大的宽宏大量的隧蜂只要自己愿意，就可以用其利爪把这个毁其家园的小强盗给开膛破肚了，可以用其大颚压碎它，用其螫针扎透它，但隧蜂压根儿就没这么干，任由那个小强盗血红着眼睛盯住自己的宅门，一动不动地待在旁边。

隧蜂飞走了。小飞蝇立刻飞进洞去，像进自己家门似的大大方方。现在，它可以随意地在储藏室里挑选了，因为所有的储藏室都是敞开着的；它还趁机建造了自己的产卵室。在隧蜂归来之前，没有谁会打扰它。让爪子沾满花粉，胃囊中饱含糖汁，是件颇费时间的活计，而私闯民宅者要干坏事也必须有充裕的时间。但罪犯的计时器非常精确，能准确地计算出隧蜂在外面的时间。当隧蜂从野外返回时，小飞蝇已经逃走了。它飞落在离洞穴不远的地方，待在一个有利位置，瞅准机会再次打劫。

万一小飞蝇正在打劫时，被隧蜂突然撞见，会怎么样呢？出不了大事的。我看见一些大胆的小飞蝇跟随隧蜂钻入洞内，并待上一段时间，而隧蜂正在调制花粉和蜜糖。当隧蜂掺兑甜面团时，小飞蝇尚无法享用，于是它便飞出洞外，在门口等待着。小飞蝇回来时，并无惧色，步履平稳，这就明显地表明它在隧蜂工作的洞穴深处并未遇到什么麻烦事。

如果小飞蝇太性急，太讨厌，围着糕点转个不停，后颈上准会挨上一巴掌，这是糕点主人会有的举动，但也就仅此而已。盗贼与被偷盗者之间没有严重的打斗。

当隧蜂无论满载而归或一无所获地回到自己家中时，总要迟疑片刻；它迅速地贴着地面前后左右地飞上一阵。它所担心的并非敌人，而是寻找自家宅门时的困难，因为附近小土包一个又一个，相互重叠，昆虫小镇又街小巷窄，再加上每天都有新的杂物清理出来，小镇面貌日日有变。它的犹豫不决明显可见，因为它经常摸错了门，闯到别人家中。一看到门口的细微差异，它立刻知道自己走错门了。

于是，它重又努力地开始弯来绕去地探查，有时突然飞得稍远一点儿。最后终于摸到自家宅穴。它喜不自胜地钻了进去，但是，不管它钻得有多快，小飞蝇还是待在其宅门附近，脸冲着其门口，等待着隧蜂飞出来后好进去偷蜜。

当屋主又出了洞门时，小飞蝇则稍稍退后一点儿，正好留出让对方通过的地方，仅此而已。

小飞蝇对隧蜂的突然出现并没有惊慌失措，它只是稍加小心了点儿而已。同样，隧蜂也没在意这个打劫它的强盗，除非后者跟着它飞，纠缠于它。这时，隧蜂一个急转弯就飞远了。

吃白食者此刻也处于两难境地。隧蜂回来时甜汁在其嗉囊中，花粉沾在爪钳里，甜汁盗贼吃不着，花粉尚无定型，是粉末状的，也进不了口。再者，这一点点花粉也不够塞牙缝的。为了集腋成裘制成圆面包，隧蜂要多次外出去采集花粉。必需材料采集齐备之后，隧蜂便用大颚尖掺和搅拌，再用爪子将和好的面团制成小丸。如果小飞蝇把卵产在做小丸的材料上，经这么一番揉捏，那肯定是完蛋了。

所以，小飞蝇的卵将是产在做好的面包上面的；因为面包的制作是在地下完成的，吃白食者就必须进入隧蜂的洞宅之中。小飞蝇贼胆包天，果真钻下去了，即使隧蜂身在洞中也全然不顾。失主要么是胆小怕事，要么是愚蠢地宽容，竟然任窃贼自行其是。

小飞蝇悉心窥探、私闯民宅的目的并不是想损人利己，不劳而获；它自己就可以在花朵上找到吃的，而且并不费事，比这么去偷去抢要省劲儿得多。我在想，它跑到隧蜂洞中也就是想简单地品尝一下食物，知道一下食物的质量如何，仅此而已。它的宏大的、唯一的要事就是建立自己的家庭。它窃取财富并非为了自己，而是为了自己的后代。

我们把花粉面包挖出来看看。我们将会发现这些花粉面包经常是被糟蹋成碎末状，白白地浪费了。散落在储藏室地板上的黄色粉末里，我们会看见有两三条尖嘴蛆虫蠕动着，那是双翅目昆虫的后代。有时与蛆虫在一起的还有真正的主人——隧蜂的幼虫，却因吃不饱而孱弱不堪。蛆虫尽管不虐待隧蜂幼虫，却抢食了后者最好的食物。隧蜂幼虫可怜兮兮，食不果腹，身体每况愈下，很快便一命呜呼了。其尸体变成了微小颗粒，与剩下的食物混在一起，成了蛆虫的口中之物。

隧蜂妈妈在孩子遭难之时用大颚把歹徒咬碎，扔出洞外，这简直是轻而易举的事。可是愚蠢的妈妈竟然没有想到这么做，反而任由鸠占鹊巢者逍遥法外。

随后，隧蜂妈妈干的事更愚蠢。成蛹期来到之后，隧蜂妈妈竟然像封堵其他各室一样把被洗劫一空的储藏室用泥盖封堵严实。这最后的壁垒对于正在变形期的隧蜂幼虫来说是绝妙的防护措施，但是当小飞蝇来过之后，你这么一堵，那可是荒唐透顶了。隧蜂妈妈对这种荒唐之举却毫不犹豫，这纯粹是本能使然，它竟然还把这个空房给贴上封条。我之所以说是空房，是因为狡猾的蛆虫吃光了食物之后，立即抽身潜逃了。

吃白食者既卑鄙狡诈，又小心谨慎。所有的蛆虫都会放弃那些黏土小屋，因为这些小屋一旦堵上，那它们就会葬身其间的。黏土小屋的内壁有波状防水涂层，以防返潮，小飞蝇的幼虫表皮很敏感娇嫩，似乎对这种小屋备感舒适，是其理想的栖身之地，然而蛆虫并不喜欢。它们担心一旦变成小飞蝇，却被困在其中，所以便匆匆离去，分散在升降井附近。

我挖到的小飞蝇确实都在小屋外面，从未在小屋里面见到过它们。我发现它们一个一个都挤在黏土里的一个窄小的窝内，那是它们还是蛆虫时移居到此后营建的。来年春天，出土期来临时，成虫只需从碎土中挤出去就能到达地面了，这一点儿也不困难。

吃白食者的这种迫不得已的搬迁还有另一个也是十分重要的原因。七月里，隧蜂要第二次生育。而双翅目的小飞蝇只生育一次，其后代此时尚处于蛹的状态，只等来年变为成虫。采蜜的隧蜂妈妈正又开始在家乡小镇忙着采蜜；它直接利用春天建筑的竖井和小屋，这可大大地节约了时间！精心构筑的竖井房舍全都完好如初，只需稍加修缮便可交付使用。

如果生就喜欢干净的隧蜂在打扫屋子时发现一只蝇蛹，会怎么样呢？它会把这个碍事的玩意儿当作建筑废料似的给处理掉。它会把这玩意儿用大颚夹起，也许把它夹碎，搬到洞外，扔进废物堆中。蝇蛹被扔到洞外，任随风吹日晒，必死无疑。

我们现在来看一看吃白食者后来的情况。在整个六月里，当隧蜂休闲的时候，我对我那昆虫众多的昆虫小镇进行了全面的搜索，总共有五十来个洞穴。地下发生的惨案没有一件逃过我的眼睛。我们一共四个人，用手把洞里挖出的土过筛，让土从手指缝中慢慢地筛下去。一个人检查完了，另一个人重新检查一遍，然后第三个人、第四个人再进行两次复检。检查的结果令人心酸。我们竟然没有发现一只隧蜂的虫蛹，一只也没有。这隧蜂密集于此的街区，居民全部丧生，被双翅目昆虫取而代之。后者呈蛹状，多得无以计数，我把它们收集起来，以便观察其进化过程。

昆虫的生活季结束了，原先的蛆虫已经在蛹壳内缩小，变硬，而那些棕红色的圆筒却保持静止不动状态。它们是一些具有潜在生命力的种子。七月的似火骄阳无法把它们从沉睡中烤醒。在这个隧蜂第二代出生期的月份中，好像上帝颁发了一道休战圣谕：吃白食者停工休整，隧蜂和平地劳作。如果敌对行动接二连三，夏天同春天时一样大开杀戒，那么受害太深的隧蜂也许就要灭种了。第二代隧蜂有这么大一段休养生息期，生态的平衡也就得以保持了。

四月里，当斑纹隧蜂在围墙内的小径上飞来飞去，寻找一个理想地点挖洞建巢时，吃白食者也在忙着化蛹成虫。啊！迫害者与受迫害者的历法是多么精确，多么令人难以置信哪！隧蜂开始建巢之时，小飞蝇也已准备就绪：它那以饥饿之法消灭对方的故技重新开始了。

圣甲虫的梨形粪球

圣甲虫的粪球从形状上看，就像个小小的梨子，大概熟过了头，色泽不新鲜了，变成了紫褐色。

我在山坡上找到了一个圣甲虫的洞穴，上面新堆成一个鼹鼠丘，一眼就可认出来。我用携带着的小铲子把洞穴挖开来，仔细查看洞穴内部的安排布置。

那湿热的半张开的地洞里，一只完美的梨形粪球待在那儿。我已是第二次看到这种奇特的梨形粪球了。这种形状是正常的，不是例外？圣甲虫在地上滚动的类似这种球体的东西是否并不存在？我继续挖下去，再看看究竟是怎么回事。我又找到了第二个洞穴。同第一个一样，里面也有一只梨形粪球。这两个玩意儿一模一样，简直像是从一个模子里倒出来的。有一个细节颇有价值：在第二个洞里，在梨形粪球旁边，圣甲虫妈妈怜爱地紧搂着梨形粪球，想必是一心一意地在对它进行最后的加工，然后自己就永远地离开这个洞穴。

在上午剩下的时间里，我便只是对已知的这些情况进行充分的求证：在毒日头把我晒得受不了只好离开挖掘现场之前，我已拥有一打形状相同、大小几乎一样的梨形粪球。有许多次我都发现有圣甲虫妈妈在洞穴深处的车间里。

最后，先提一下后来我所了解到的情况。在六月末到九月份的整个大热天里，我几乎每天都到圣甲虫经常出没的地方去探查，我用小铲子挖开一个个洞穴，获得了一些超乎我所能期盼得到的资料。我从笼子里的饲养中又获得了另一些资料，这些资料也很宝贵，但与在田野里的自由空间中所获得的资料无法相比。不管怎么说，我挖掘过少说也不下一百个洞穴，而且次次见到那种梨形粪球，却从来没有，一次都没有见到过圆圆的粪球，一次也没见过书本上告诉我们的那种浑圆形状的粪球。

圣甲虫的地下窝巢在地面上一看便知，因为洞外有一堆浮土，似一个鼹鼠丘，是圣甲虫妈妈把洞中挖出的土推到洞外堆积而成的，以便留出一个洞来。这个鼹鼠丘下开着一个大约一分米的不太深的洞，有一条或直或曲的水平通道从洞底通到可能有拳头般大小的宽敞大厅。这就是地下室，虫卵被食物包裹着，在离地面几寸的地下，由酷热的太阳烘烤慢慢孵化；这也是圣甲虫妈妈的宽敞的车间，它可以在里面灵活自如地把未来的宝宝的面包揉制、加工成为梨形。

这个粪球面包躺倒时，长轴线是水平方向的，其形状以及大小让人想到圣诞节时期的小梨子，色泽鲜艳，香气扑鼻，提前成熟，让孩子们爱不释手。梨形粪球的大小基本都差不太多。最大个儿的长四十五毫米，宽三十五毫米；最小个儿的长三十五毫米，宽二十八毫米。

梨形粪球的表面虽不像仿大理石那么光滑，却非常规则匀称，经过很小的红土颗粒仔细打磨过的。它原是十分松软的，宛如可塑性黏土，因为是刚做好

圣甲虫的梨形粪球

的，但很快便因风干的缘故外层结起一层硬皮，用手
指捏都捏不碎，比木头都硬。这层硬皮是一个保护
层，使得隐于其中者避免与外界接触，可以极其安静
地享受自己的食物。但是，如果连中间也都风干了，
那就非常危险了。

圣甲虫面包铺加工的是什么样的面团呢？马牛骡
是它的供货者吗？绝对不是。如果那种沾满草梗的粗
糙面包只是为了自己吃的话，那没有什么问题，但如

果是给它们的小宝宝们准备的，那就不行了。它必须去进行精加工，使之营养丰富且易于消化。它需要的是绵羊留下的美味，而不是干瘪的牛拉下的一地黑橄榄；绵羊留下的美味是在其不太干的肠子中逐渐形成、加工制作的单层硬饼干，这才是圣甲虫所要的材料——专门用于加工的面团。那不是马的那种无脂肪的粗纤维材料，而是腻滑而有黏性的均匀的物质，饱含着富于营养的汁液。这种材料因其黏性和腻滑而极为适于加工成为梨形艺术品，而且它又柔软可口，很符合新生儿的嫩弱的胃。在这么一个小小的梨形体中，幼虫将可以获得充足的营养。

这就是梨形食品为何如此之小的原因所在。我一直都没能从这么小的梨形粪球中看出那是圣甲虫幼虫的食粮，因为圣甲虫既贪馋且个头儿也挺大。

在这个形状独特新颖的大面包团里，虫卵在什么地方啊？我一直以为它在那圆圆的梨肚子的中心。在我用小刀一层一层地往梨肚子中心剥去，深信在中心点会找到虫卵时，却大出我意料，那儿根本就没有虫卵。梨肚子中心非但不是空的，而且是实实的。那儿也是一堆质地均匀的食物。

它的卵到底下到哪儿去了呢？下到梨形粪球最细薄的部分，在最顶端的梨颈那儿。那儿挖有一洞，四壁光洁锃亮。这就是胚胎所在的圣龛，这就是孵化室。虫卵呈长椭圆形，白乎乎的，长约十毫米，宽有五毫米多。它同四壁之间有一层薄薄的间隔，与四壁都不紧贴，只是梨颈顶端的壁后，虫卵的顶粘在上面而已。梨形粪球通常是水平躺放着的，除了顶上粘着的那一点儿而外，幼虫实际上是悬浮在空中，睡在这张最有弹性最热乎的空气床上。

这是因为圣甲虫处于幼虫状态时有一个巨大的危险在威胁着它：食物会变干燥。幼虫生活其间的地下洞穴的天花板是一层约一分米厚的土层。这极薄的一层土又如何能挡得住能把土烤焦的大热天的酷热呢？

食物至少得存放三四个星期，所以很有可能在卵孵化之前变干，甚至变得无法为幼虫食用。当幼虫那嫩牙咬不着原本是松软的面包而咬着硬得如石头般的硬皮时，可怜的幼虫将会饿死，而且确实有因饥饿而死亡的。

圣甲虫有两种方法避免食物干燥。首先，它用它那宽臂的铠甲使劲儿地压紧压实梨形粪球的外层，弄成一层比中心更均匀更密实的保护性外皮。如果我把一个用这种方法制作的食品罐头捏碎，那层外皮通常会一下子脱落，露出中心的内核来。圣甲虫妈妈在按压时只涉及几毫米的表层，所以便出现了一个外壳。它并没往深处按压，这样中间的那个大内核也就分出来了。夏季最炎热的时候，为了让食物保鲜，圣甲虫妈妈通过按压，制成外壳，以保护里面的孩子们的食粮。

为了减少水分的流失，就必须让食物的面积尽量地小；但又必须让这个最小的面积包含最大数量的营养物质，以便让幼虫吃饱吃好。什么样的形状才能达到面积最小而体积又能达到要求呢？按几何学的回答，那就是球形。

圣甲虫因此便把幼虫的食粮加工成为球形，而梨颈暂时地忽略一边；这种球形并非强加给圣甲虫一个必需的外形而盲目的机械条件下造成的结果；也不是在地上滚动而突然获得的成果。我们已经看见了，为了更方便更快捷地把收集到的食物弄到别处去食用，圣甲虫把食物加工成球形，但又没有挪动它的位置。总之，我们已经承认这个球形在滚动之前就做成了。

同样，我们马上也可以确定，为幼虫准备的梨形则是在洞底深处制作而成的。它没有滚动过，甚至都没有挪过窝。圣甲虫完全按照所需要的外形对它进行了加工。

圣甲虫利用自己配备的工具也能制作出曲线不如梨形柔和的其他一些形状出来。但是圣甲虫专门选择制作梨形粪球，而这种形状要做得精确是十分不容易的。它制作这种繁难的梨形粪球，就像是它深知蒸发的规律以及几何学的规律似的。

至于梨颈，它的功能、作用究竟是什么？答案显然是有很大的作用。孵化室就在梨颈部位，卵就在其中。而所有的胚胎，无论是植物的还是动物的，都需要空气这个生命的原动力。为了让激发生机的空气这种助燃剂渗透进去，鸟的蛋壳上满是气孔。圣甲虫的梨形粪球就类似于鸟蛋。

为了避免过快地干燥，梨形粪球的外壳被压实成一层很硬的外皮；它的营养核，也就是蛋黄，是藏于外皮内的松软的球；它的透气室就是顶端的那个小屋，亦即梨颈上的那个小窝窝，里面的空气把胚胎团团围住。为了呼气吸气，有哪儿能比孵化室更好的？那儿位于尖角上，沐浴在空气中，气体可以透过薄薄的壁自由地渗进渗出。

昆虫的装死行为

我研究昆虫装死的情况时，第一个被我选中的是那个凶狠的剖腹杀手——大头黑步甲。要让这种大头黑步甲动弹不了，非常容易：我用手捏住它一会儿，再把它在手指间翻动几次就可以了。还有更加有效的办法：我捏住它，然后把手一松，让它跌落在桌子

大头黑步甲

上，从不太高的高度摔下这么几次，让它感到碰撞的震动。如果必要的话，就让它多摔几次，然后让它背朝下仰面躺在桌子上。

大头黑步甲经这么一折腾，便一动不动，如死一般。它的爪子蜷缩在肚腹上，两只触角软塌塌地交叉

在一起，两只钳子都张开着。在它的旁边放上一只表，这样，实验的起始与结束时间就可以准确地记录下来。这之后，只有等待，而且得静下心来耐心地等待，因为它静止不动的时间非常长。没有耐心，是成功不了的。

大头黑步甲的静止状态保持得很长，有时竟然长达五十分钟，一般情况下，也得有二十分钟左右。如果不让它受到外界的影响，比如，这种实验正好在盛夏酷暑时进行，我就把它用玻璃罩扣住，避开大热天里的常客——苍蝇的骚扰，那么，它的静卧状态就是真正的完全静止状态：无论是跗骨还是触角，全都毫不颤动，看上去它就像僵死在桌上了似的。

最后，这只看似死了的大头黑步甲复活了。前爪跗节开始微微颤动，随即所有的跗骨都颤动起来，触角也跟着慢慢地摇来摆去。这就证明它确实复活了。腿脚随后也跟着乱划乱踢起来。它的身体在腰带紧束住的地方稍稍弓起，接着重心落在头和背上，然后，它猛一用力，身子便翻转过来。此刻，它便迈开小碎步跑动起来，仿佛知道此处危险重重，必须逃离险区。假如我又把它抓住，它又会立刻装死。

我趁此机会又做了一次实验。刚刚复苏的大头黑步甲又一次静止不动，依旧背朝下仰面躺着。这一次，它装死的时间比第一次长。当它再次苏醒时，我又进行了第三次同样的实验。随后，我又对它进行了第四次、第五次实验，一点儿喘息的机会都不留给它。它静卧的时间在逐渐延长。根据我所记录下来的静卧时间，分别为十七分钟、二十分钟、二十五分钟、三十三分钟、五十分钟。

我做了许多次类似的实验，虽然结果不完全相同，但基本上有着一个共同点：昆虫连续假死时，每一次的持续时间都不相同，长短不一。这个结果使我们得知，通常情况下，如果实验连续多次进行的话，大头黑步甲会让自己假死的时间一次比一次长。这是不是说明它一次比一次更适应这种假死状态了呢？这是不是说明它在越变越狡猾，并企图让敌人最后丧失耐心？对此我一时无法做出定论，因为我对它的探究还很不够。

要想探出它真的在耍手腕，真的在作假蒙人，企图蒙混过关，就必须采取一种非常聪明的试探方法，揭穿这个骗子的招数。

接受试验的大头黑步甲躺在桌子上。它能感觉得出自己身子下面压着的是一块坚硬的物体，根本就不可能向下挖掘。挖掘一个地下隐蔽室，对于大头黑步甲来说简直是小菜一碟，因为它掌握着快捷强劲的挖掘工具。然而，自己身下是一块硬东西，所以它无可奈何，只能忍气吞声地静静地躺在那儿，一动不动，必要时，它甚至可以坚持一小时。如果躺在沙土地上，它立即就能感觉到下面是松松散散的沙粒。在这种情况下，它还会傻乎乎地静静地躺着，不想尽快逃之夭夭？难道它连扭动腰身都不想？没有一点儿往沙土地里钻的意思？

我真的希望它会有所转变，产生逃跑的念头。但是，最后我知道自己的想法错了。无论我把它放在木头上、玻璃上、沙土上，还是松软的泥土地上，它都不改变自己的战略战术。在一块对它来说挖掘起来极其容易的地面上，它照样静卧着，不动弹，同在坚硬物体上躺着时一模一样。

大头黑步甲对不同材质物体表面采取了同样的态度，并不厚此薄彼，这一点为我们的疑惑不解敞开了一道门缝。接下来所发生的事情令这扇门大大地敞开了。接受试验的大头黑步甲躺在我的桌子上，离我很近，可以说就在我的眼皮底下。我发现它的触角半遮挡着它的视线，但是它那两只贼亮的眼睛看见了我，它盯着我，在观察我。面对我这么个庞然大物，这只昆虫的视觉会有什么样的感应呢？

我们就当这只正盯着我的昆虫把我看作欲加害于它的敌人吧。这样，只要我待在它的面前，这只生性多疑的昆虫就会一动不动地躺着。如果它突然恢复活动，那么它肯定认为已经把我耗得差不多了。我已经完全失去了耐心，我还是先躲到一边去。既然它面前的这个庞然大物已经离开了，它也就用不着再装死，再要这种花招也没有什么意义，所以，它就会立刻翻转身子，急急忙忙地溜之大吉。

我走出十步开外，到大房间的另一头隐蔽好，不弄出任何动静。但是，我这番谨慎小心的心思全都白费了，那只昆虫仍旧待在原地，没有一点儿动静，就这么静静地待了很长时间，跟我在它近旁待的时间一样长。

它真够狡猾的，想必它发觉我仍旧待在这个房间里，只是待在房间的另一头罢了。也许是它的嗅觉告诉它我并没有离去。一计不成，我就另生一计。我用钟形罩把它扣住，不让讨厌的苍蝇去骚扰它。然后，我便走出房间，到花园里去了。房间的门窗全都紧闭着，屋外的声音传不进去，屋内也没有什么会惊扰它，总之，一切会让它感到惊恐的东西全都远离了它。在这么安静而不受骚扰的环境中，它会有什么反应呢？

实验的结果是，假死的时间与平时完全一样，既未增加也未减少。二十分钟过去了，我进屋里去查看了一下。四十分钟过去的时候，我又进屋里去查看了一番，但是，情况没有发生任何变化，它仍旧仰面朝天，一动不动地原地躺着。

这之后，我又用几只虫子做了相同的实验，但结果都很明确地证明，它们在装死的过程中并没有任何让它们感到危险的东西存在，在它们周围既没有声音，也没有人或其他昆虫。在这种情况下，它们仍然一动不动，那想必并不是在欺骗自己的敌人。这一点得到肯定之后，我便推测出其中必然另有原因。

那么，它究竟为何采取这种特殊伎俩来保护自己呢？一个弱者，一个得不到保护、不惹是生非的人，在必要时为了生存而采取一些诡计，这是可以理解的，但它可是一个浑身甲胄、崇尚武力的家伙，为什么要采取这种弱者的手段，我对此很难理解。在它出没的范围内，它打遍天下无敌手。强悍的圣甲虫和蛇金龟，都是生性温厚的昆虫，它们非但不会去骚扰它、欺侮它，相反是它食品储存室里源源不断的猎物。

我又开始怀疑，是不是鸟儿对它构成了威胁？可是，它同步甲虫的体质相同，身体散发着一股刺鼻的气味，鸟类闻了是绝不敢把它吞到肚子里去的。再说，它白天都躲藏在洞穴里，根本就不到洞外来，谁也见不到它，谁也不会打它的主意。而天黑之后，它才爬出洞外，可是夜里鸟儿归林，河边已无鸟儿的踪影了，它也就根本不存在有被鸟类捉到之虑。

这么一个有时对蛇金龟、有时也对圣甲虫进行残杀的刽子手，这么一个并没有谁敢碰的可恶凶残的家伙，怎么一遇风吹草动便立刻装死呢？我百思不得其解。

我在同一片河边地带发现了同时在此居住的抛光金龟，也叫光滑黑步甲，它给了我启示。前面所说的大头黑步甲是个巨人，相比之下，现在所提到的同样是这河边主人的抛光金龟就是侏儒了。它们体形相同，同样乌黑贼亮，同样身披甲胄，同样以打家劫舍为生。但是，相比之下算是侏儒的抛光金龟，虽然远不如其巨人同类个儿大力气强，但是它并不懂得装死这个诡计。你一折腾它，它就仰躺在地上，片刻之后即翻转身，拔腿就跑。我想让它静止几秒钟也做不到。只有一次，我实在把它折腾得够呛，它总算是假装死去，待了一刻钟。

这侏儒与巨人的情况怎么这么不同？只要被弄得仰面朝天，巨人就静止不动，非要装死一个小时之后才翻身逃走。强大的巨人采取的是懦夫的做法，弱小的侏儒则是采取立即逃跑的做法，二者反差这么大，其原因究竟在哪里呢？

于是，我想试试危险情况会对它产生什么样的影响。当大头黑步甲背朝下、腹朝上一动不动地静躺着的时候，我在想，让什么敌人出现在它的面前好呢？可是我想不出它的天敌是什么，只好找一种让它感到是个来犯者的昆虫。于是，我想到了嗡嗡叫的苍蝇。

大热天里做实验，苍蝇嗡嗡地飞来飞去，真的让人心烦。如果我不给大头黑步甲罩上钟形罩，我也不在它的身边守着，那么讨厌的苍蝇肯定会飞落在我的实验对象身上。这样，苍蝇就会帮上忙了，可以替我打探一下装死的大头黑步甲的虚实。

落在大头黑步甲身上的苍蝇，刚刚伸出细爪挠了大头黑步甲几下，它的跗节便微微颤动，仿佛因直流电疗的轻微振荡而颤抖。如果这个不速之客只是路过，稍作停留随即离去的话，那么这种细微的颤动反应很快便会消失；如果这位不速之客赖着不走，特别是又在浸着唾液和流着食物汁的嘴边活动的话，那么受到折磨的大头黑步甲就会立即蹬腿踢脚，翻转身子，逃之夭夭。

　　它也许觉得，实在没有必要在这么个不起眼的对手面前耍花招，有伤自尊。它又翻转身子离去，是因为它明白眼前这个骚扰者对自己并不构成什么威胁。看来，我们得另请高明，让一个力量强大、身材魁梧、令人望而生畏的讨厌的昆虫来试探一下大头黑步甲了。正好，我喂养着一只天牛，它的爪子和大颚都十分厉害。我知道天牛这种带角的昆虫性情平和，但大头黑步甲并不了解这个情况，因为在它出没的河边地带，从来就没有出现过天牛这种大个儿昆虫。说实在的，看上去，这长角的天牛真的让其他蛮横的虫类望而生畏，退避三舍。对陌生者本来就存有的一种恐惧感，一定会让情况复杂起来的。

我用一根稻草秆儿把天牛引到大头黑步甲旁边。天牛刚把爪子放到那个静静仰卧着的家伙身上，它的跗节便立即颤动起来。如果天牛非但不把爪子挪开，还老在它的身上摸来挠去，甚至转而变成一种侵犯的姿态，那么如死一般躺着的大头黑步甲便会一下子翻转身子，仓皇地溜走。这情景与双翅目昆虫骚扰它时一模一样。危险就在眼前，再加上对陌生者的恐惧，它当然会立即抛弃装死的骗术逃命。

我又做了一种实验，结果也颇让我感到欣慰。大头黑步甲仰躺在桌子上装死，我则用一件硬器物轻轻敲击桌腿，让桌子产生微微的颤动，但是不能猛敲，免得桌子发生摇晃。我很注意力量的大小，只让桌面产生的颤动仿佛是一种弹性物体所产生的颤动。用力过大，会惊动大头黑步甲，它就不会保持僵死状态了。我每轻敲一下，它的跗节便蜷缩着颤动一会儿。

最后，我们再来看看光线对它的影响。到目前为止，我的实验对象都待在我书房那个弱光环境中接受我的实验，并未接触到直射进来的太阳光。此刻，我书房的窗台已经洒满阳光。我要是把我的实验对象移到阳光充足的窗台上去，让这只静卧着一动不动的昆虫接触一下强光，它会有何反应呢？我刚这样做，效果立即产生了：大头黑步甲腾地翻转身子，拼命奔逃。

现在，真相大白了。吃尽苦头、被折腾得够呛的大头黑步甲，已经把自己的秘密吐露出来了。当苍蝇戏弄它，舔它沾有黏液的嘴唇，把它当作一具尸体想吸尽所有可口的汁液的时候；当它眼前出现那个让它望而生畏的天牛，爪子已经伸到它的腹部，像要占有一个猎物的时候；当桌子发生轻微的震颤，它以为是大地传来的震颤，断定有敌人在自己的洞穴附近挖掘，将要来袭的时候；当强烈的阳光照射到它的身上，对它的敌人十分有利而对喜欢昏黑的它不利，让它认为安全受到威胁的时候，它就会立即做出反应，抛弃装死的骗术，立即逃命。但是，当一种灾祸对它构成威胁的时候，它通常采取它那装死的伎俩以骗过敌人。所以说，装死是它的看家本领。

在我以上所提及的那种危在旦夕的时刻，我的实验对象是在战栗，而不是继续装死。在这类危险之下，它方寸大乱，慌不择路，拼命逃遁。它那一贯的伎俩不见了踪影，确切地说，它根本就无计可施。所以说，它静止不动，并不是装出来的，而是一种真实状态。是那复杂的神经紧张反应造成它一时间陷入动弹不得的状态之中。随便什么情况都会让它极度紧张，随便什么情况都可以让它解除这种僵直状态——特别是受到阳光的照射。阳光是促发活力的无与伦比的强烈刺激。

我觉得，在受到震动后长时间保持静止状态方面，可以与大头黑步甲相提并论的是吉丁中的一种，即烟黑吉丁。这种昆虫个头儿不小，浑身黑亮，胸甲上有白粉，喜欢在刺李树、杏树和山楂树上待着。在某些情况下，你有可能发现它把爪子紧紧地收拢起来，触角耷拉着，仿佛僵死了一般，而且这种状态可以保持一个多小时。而在其他情况下，它总是一遇危险便迅速逃走。从表面上看，是气候因素在起作用，但是我没明白，气候到底暗暗地发生了什么变化。在这种情况下，一般来说，我发现它的僵直状态只是保持一两分钟而已。

烟黑吉丁在光线暗淡的地方一动不动，可是当我把它移到充满阳光的窗台上时，它就立刻恢复了活力。在强烈的阳光下只待了几秒钟，它便把自己的一对鞘翅分开，作为杠杆，一骨碌爬起来，立刻想飞走。好在我眼明手快一把摁住了它，没让它逃掉。这种一见到强光就惊喜、晒着太阳就狂热的昆虫，一到午后炎热的时候，便会趴在刺李树上晒太阳，如痴如醉，快活极了。

看见它如此喜欢酷热，我立刻产生了一种想法：如果在它装死的时候立刻给它降温，它又会做出何种反应呢？我猜想，它会延长静止状态。但是这种方法使不得，因为一旦降温，有越冬能力的昆虫可能会被冻得麻木，随即进入冬眠状态。

我现在需要的不是烟黑吉丁冬眠，而是要它保持充沛的活力。所以，我要徐缓、有节制地降温，要让它像在自然气候条件下那样，保持固有的生命模式。于是，我动用了一种很合适的制冷材料——井水。夏季，我家的那口水井水温要比外面气温低十二摄氏度，非常清凉。

我用惊扰的方法把一只烟黑吉丁折腾得处于僵缩状态。然后，我让它背朝下躺在一只小的大口瓶底上，再用盖子把瓶口盖严，放入一个装满冷水的小木桶里。为了使桶里的水保持低温，我不断地往桶里加井水。在加入新的井水时，我小心翼翼地先把原来桶内的井水一点点地去掉。动作必须轻而又轻，否则就会惊动瓶子里的昆虫。

结果十分理想，我没有白费心思。那只烟黑吉丁在水中的瓶子里待了五小时，都没有动弹一下。五小时可不算短，而且，如果我再这么实验下去，它可能还会坚持更长时间。但是，五小时已经很不错了，很能说明问题了，绝不要以为它这是在要花招。毫无疑问，它此时此刻并不是在装死，而是进入了一种昏昏沉沉的麻木状态，因为我一开始把它折腾得只好以装死来应付，后来嘛，降温的方法又给它造成了延长休眠状态的条件。

我对大头黑步甲也采取了这种井水降温法，但它的表现不如烟黑吉丁，它在低温下保持休眠状态的时间没有超过五十分钟。五十分钟不算稀奇，以往没有使用降温法时，我也发现大头黑步甲静卧过这么长时间。

现在，我得出的结论是，吉丁类昆虫喜欢灼热的阳光，而大头黑步甲是夜游者，是地下居民。因此，在进行冷水处理时，吉丁与大头黑步甲的感受不尽相同。温度降低之后，怕冷的昆虫会惊魂不定，而习惯于地下阴凉环境的昆虫则不以为意。

我继续沿着降温这一思路进行了一些实验，但是并未发现什么新的情况。我所看到的是，不同的昆虫在低温下休眠时间的长短，取决于它们是追求阳光者还是喜欢阴暗者。现在，我再换一种方法来试一试。

我往大口瓶里滴上几滴乙醚，让它挥发，然后把同一天捉到的一只粪金龟和一只烟黑吉丁放进瓶里。不一会儿，这两只试验品便都不动弹了，它们被乙醚麻痹，进入了休眠状态。我赶紧把它们取出来，背朝下放在正常的空气之中。

　　它们俩的姿态与受到撞击和惊扰后的姿态一模一样。烟黑吉丁的六只足爪很规则地收缩在胸前；粪金龟的足爪则是摊开的，且毫无规则地叉着。它们是死是活，一时还说不清楚。

　　其实，它们并没有死。两分钟后，粪金龟的跗节便开始抖动，口须震颤，触角在缓缓地晃动。接着，它的前爪活动起来。又过了将近一刻钟，它其余的爪子也都乱摇动起来。因碰撞震动而采取静止状态的昆虫，会以完全相同的方式恢复活动。

　　烟黑吉丁却如死一般躺着，好长时间也不见它动弹。一开始，我真的以为它死了。半夜里，它恢复了常态，我是第二天才看到它已经像平时那样活动了。我在乙醚尚未充分发挥效力时便及时地停止了这种实验，所以没有给烟黑吉丁造成致命的伤害。不过，乙醚在它身上所起的作用要比在粪金龟身上所起的作用严重得多。由此可见，对碰撞震动和降低温度比较敏感的昆虫，同样对乙醚所产生的作用也很敏感。

这种敏感程度的微妙差异，说明了为什么我用同样的撞击和手捏方法使两种昆虫处于静止状态后，它们的表现会有这么大的区别。烟黑吉丁静卧姿态保持近一小时，而粪金龟只待了两分钟就摇晃自己的足爪了。直到今天为止，我也只是在少数时候才见到粪金龟能坚持两分钟的静卧姿态。

烟黑吉丁体形大，且有坚硬的外壳保护身体，它的外壳硬得连大头针和缝衣针都扎不透。既然如此，为什么它那么爱装死，而无坚硬外壳保护的小粪金龟却无须装死来保护自身呢？这种情况，在不少昆虫身上都是存在的。各种昆虫中，有的会长时间一动不动，有的却坚持不了一会儿。仅仅依照接受实验的昆虫的外形、习性来预先判断结果，是完全不可靠的。譬如，烟黑吉丁一动不动的时间保持得很长，那么，就可以断定与它同属的昆虫与它的表现一样吗？我碰巧捉到了闪光吉丁和九星吉丁。在对闪光吉丁做实验时，它硬是不听我的指挥。我把它背朝下按住，它就拼命地抓我那根压着它的手指，拼命地想翻过身来。而我不用费劲儿就能让九星吉丁静卧不动，只是它装死的时间也太短了，顶多四五分钟！

我在附近山间碎石下经常发现一种墨纹甲虫，它的身子很短小，且有一股怪味。它能持续一个多小时一动不动，可以与大头黑步甲相比。不过，必须指出，在大多数情况下，它只坚持几分钟的僵死状态，便立即恢复了常态。昆虫能长

墨纹甲虫

时间地坚持一动不动，是不是它们喜欢黑暗的习性造成的？完全不是，我们看一看与墨纹甲虫同属一类的双星蛇纹甲虫就十分清楚了。双星蛇纹甲虫后背滚圆滚圆的，仰身翻倒后，便立即翻过身来。还有一种拟步行虫，脊背扁平，身体肥实，鞘翅因无中缝而无法帮它翻身，因此，它静止不动，装死一两分钟之后，便在原地仰卧着拼命踢蹬、挣扎。

鞘翅目昆虫因腿短而迈不了大步，逃命时速度不快，因此，它们应该比其他昆虫更需要借助装死来欺骗敌人，但实际上并非如此。我逐一地观察研究了叶甲虫、高背甲虫、食尸虫、克雷昂甲虫、碗背甲虫、金匠花金龟、重步甲、瓢虫等一系列昆虫，它们全都是静止几分钟，甚至几秒钟，便立即恢复了活力。还有不少种类的昆虫根本就不采取装死这一招。总之，没有任何昆虫指南可以让我们事先断定哪种昆虫喜欢装死，哪种昆虫不太愿意装死，哪种昆虫干脆就拒绝装死。不经过实验就先下断言，那纯粹是一种主观臆测。

昆虫的"自杀"行为

　　人们不会去模仿自己根本就不认识的人，也不会假扮成自己所不了解的人，这一点是显而易见的。所以说，要想装死，就必须对死亡多少有点儿了解。

　　昆虫，或者更确切地说，动物，它们对有限的生命会有预感吗？它们会在自己那极其简单的脑子里思考生命终止这一可怕的问题吗？这种对生命的最后时刻所感到的惊恐不安，既是人所感到的最大痛苦，也是人之所以伟大的一个证明，命运卑微的动物就不存在这种不安。它们与意识模糊的小孩子一样，只享受现在，不考虑未来。它们摆脱了"人生苦短"的忧虑，生活在一种蒙昧无知的甜美宁静之中。

　　少年时期，中学时代，我也是个淘气包。我常常与几个同学在放学回家的路上，到河边去摸那种很小的花鳅。鱼被我们抓到之后，拼命地挣扎，没有装死的样子。我们也常去抓鸟，鸟被抓到之后吓得浑身哆嗦，但也没见它装死。可是有一次，我看到火鸡（我们附近养火鸡的人家很多）便突发奇想，要折腾折腾火鸡。圣诞将至，它将成为大家节日的盘中餐，我便把家中一只火鸡的脑袋别在它的翅膀下面，一边用手摁住它不让它动弹，一边从上往下慢慢地摇晃了它两三分钟。奇怪的结果出现了，我的实验对象变成了一堆没有生气的东西，它侧着身子倒在地上，任由我摆弄。如果它那时而膨胀、时而瘪下去的羽毛没有显露出它仍然在呼吸的话，我还真的以为它已经死了。它确实像只死鸟。它把自己那变得冰凉、足趾蜷缩起来的爪子缩到肚腹下面，看起来十分可怜。圣诞节，平安夜，尚有几天才到，它就这么死了，那可就太早了。但是，我白担心了。它醒了，站立起来，只是身子有点儿摇晃，站立不稳，而且尾巴耷拉着，没精打采。但是这种状况并未持续多久，不一会儿，它又恢复常态，欢蹦乱跳起来。

这种迷迷糊糊、昏昏沉沉、麻木迟钝的状态介于熟睡与死亡之间，持续的时间有长有短。我又多次用火鸡做过实验，每一次都出现这种适当间隔的静止状态，有时持续半小时，有时则只持续几分钟。同研究昆虫一样，想要弄清楚原因，并非易事。后来，我又用珠鸡做了相同的实验，做得非常成功。它那迷迷糊糊、昏昏沉沉、麻木迟钝的状态持续了很长时间，以至我当时都有点儿忐忑不安了。它的羽毛不像火鸡那样，没有起伏，没有一点儿生命迹象，我真的以为它已经憋死了。我用脚轻轻地挪动了它一下，但是它一点儿反应也没有。我又挪动了它一下，只见它把脑袋从翅膀底下伸出来，站立住，平衡了一下身体，立刻连飞带跳地逃走了。它那麻木状态维持了半个小时。

我后来又对母鸡、鸭子、鸽子、雏鸟、翠鸟进行了实验。母鸡、鸭子、鸽子的麻木状态保持得较短，只有两分钟左右；雏鸟和翠鸟则更加顽固，半睡半醒状态只持续了几秒钟。

我们还是关注我们的昆虫吧。昆虫从静止状态恢复到活动状态，表现出十分值得注意的特点。我们曾用乙醚对试验对象进行实验，它们确实被麻醉了，一动不动。它们并不是在要花招，这一点毫无疑问。它们真的处于死亡的边缘。如果我不及时地把它们从散发着乙醚气味的大口瓶里弄出来，那么它们永远不会从麻木状态中苏醒过来，最后必死无疑。

在它们身上究竟是什么预示着它们的生命状态恢复了呢？那就是，它们脚上的跗节在微微颤动，触角在摇晃摆动。这就像人类一样，从酣睡中醒转来时，伸伸胳膊腿，打打哈欠，揉揉眼睛。昆虫也是先摇动自己那些细小的趾肢节和最灵活的器官，以示其知觉恢复。

如果昆虫真的在要花招施诡计，它又有什么必要去做这些细致的苏醒准备动作呢？危险一旦消除，或者被认为已经消除，它为什么不迅速地站立起来尽快逃脱，何必慢腾腾地做那些很不合适的假动作呢？难道它会狡猾到在最小的细节上也要假装复活不成？绝对不是这么回事。这种看法是毫无道理的。脚上跗节的颤动，触角的晃动，都明显地说明它存在过一种真正的、生命即将消失的昏沉迷糊的状态，这种状态与乙醚麻醉所造成的后果相似，只是程度较轻而已。脚上跗节的颤动表明，被我折腾得动弹不了的实验对象并不如民间传说或流行的理论所认为的是昆虫在装死，它确确实实被施行了催眠术。

经敲击物体引起的震动的影响，或者突然遭受惊吓，昆虫便陷入一种迷迷糊糊、昏昏沉沉的麻木状态。这种状态就像鸟把头埋在翅膀下面，原地晃晃悠悠地站立一会儿一样。对于我们人类来说，突然看见恐怖的事情，我们会惊呆，茫然不知所措，有时甚至因此丧命。作为高等动物的人类尚且如此，那么，反应极其敏锐的昆虫在遇到可怕事物的震慑惊吓时怎能承受得住，怎能不暂时就范呢？如果惊恐程度不太严重，昆虫在片刻的痉挛之后很快就会恢复常态，惊恐症状也就随之得以缓解；如果惊恐程度很严重，它就会突然进入催眠状态，很长时间僵直不动。

昆虫根本就不知道死亡是怎么回事，又怎么会装死呢？当然是不可能的。昆虫同样也不知道自杀是怎么回事。据我所知，我还没见到过有什么动物自动剥夺自己生命的名副其实的实例。

说到这儿，我倒是想起蝎子自杀的事来。对于蝎子是否会自杀，众说纷纭，有人认为确有其事，有人则持否定态度。有人说，蝎子被一圈火围住之后，用带毒的螯针扎自己，直到自杀成功为止。这故事究竟有多少真实的成分？我们亲自来做个实验看看。

我所住的环境为我提供了便利的条件。我在几只大泥瓦罐里铺上一层沙土，再放上几片碎瓦片，养了一群怪模怪样的虫子。我一直企盼着它们为我提供一些有关习性方面的事实，但它们不肯满足我的愿望。我养的是南方的那种大白蝎，一共有十二对。附近小山上阳光充足的沙土地带，有许多扁平的石条，每块石条下面都居住着一只孤零零的蝎子。这种可憎可恶的丑陋家伙无处不在，多得不得了，而且恶名在外。

它的毒针到底有多厉害，我未亲身经历，所以也说不清楚。可是，我的书房里就关着这群可怕的囚徒，我总得与它们接触。需要去察看它们时，必然会有危险，所以我加倍小心，注意避开它们的锋芒。既然没有亲自尝过它们的厉害，我便只好向别人求教。我让曾经被蝎子蜇过的人谈谈他们被蜇的体验。这些人主要是打柴的樵夫，他们长年在山上砍柴，难免一不注意就会被蝎子蜇一下。其中有一位曾经告诉我："我吃完午饭，靠在柴捆上打了个盹儿。突然，一阵钻心剧痛把我疼醒了。那滋味就好像被烧红的钢针扎了一下。我赶紧伸手去摸，一把摁住了一个乱爬乱动的家伙。是只蝎子！它钻进了我的裤腿，在我小腿肚子下边一点儿蜇了我一下。这只丑陋不堪的小怪物，足有人的手指头那么长。喏，这么长，先生，这么长。"

这位老实忠厚的樵夫边说边比画着，还把自己那根长长的食指伸出来。我并不觉得手指长的蝎子有什么可惊奇的，因为我在野外捕捉昆虫时碰到的蝎子，比手指长的有的是。

"我还想继续干活儿，"那位忠厚的樵夫继续对我说，"可是我浑身直冒冷汗，眼瞅着那条腿渐渐地肿起来，肿得有这么粗，先生，这么粗。"他比画着。然后，他又张开双手，在小腿周围比画出一只小水桶那么粗的圈圈来。

"真的，有这么粗，先生，这么粗。我一步三挪，使出吃奶的劲儿，忍着剧痛回到家里，其实也就只有四分之一里那么点儿路而已。小腿越肿越厉害，还在往上肿去。第二天，已经肿到这么老高的地方了。"他用手指了指，告诉我已经肿到小腿窝那儿了。

"真的，先生，整整三天，我下不了床，站不起来。我咬紧牙关，拼命忍着把肿腿抬到一把椅子上。敷了好几次碱末，总算把肿消了下去，喏，才恢复到现在这个样子。先生，您看。"

说完自己被蜇的经历，他又跟我讲述了另一个樵夫的故事。那人也被蝎子蜇了小腿下部。那个樵夫走出老远去砍柴，被蜇之后没有了力气，在回家途中走着走着便倒在了路边。后来，他被几个过路人发现了，于是抱头的抱头、抱腰的抱腰、抱腿的抱腿，总算把他送到了家里。"他们就像在抬死尸一样，先生。真的，就像抬死尸一样！"

这位讲述者以乡下人的风格叙述着，说话时比画个没完，我并不觉得他描述得夸张。人要是被蝎子蜇了，那种疼痛确实难以描述。而蝎子要是被自己的同类蜇了一下，它很快就会支持不住。对此，我有很大的发言权，因为我亲自做过多次观察研究。

我从我的动物园里取出两只强壮的大蝎子，把它们俩同时放进一只铺有沙土的大口瓶里。然后，我拿一根稻草秆儿去撩拨它们，激怒它们，并让它们往后倒退。最后，这两个受到骚扰的怒火中烧的大家伙一见面就打斗起来。这怒火是我挑起来的，但是看上去它们俩都把这挑衅的罪责算到了对方的头上。双方都把自己的防御武器——呈月牙儿形的钳子举起，钳口大张，顶着对方，不让对方靠近自己；两只蝎子的尾巴突然你一下我一下地伸出，从背部上方向前刺去；毒囊不断地撞在一起，一小滴如清水般的毒汁挂在螫针的硬尖上。

格斗的时间并不长。其中一只被另一只的毒针刺中，没过两三分钟，它便站立不住，摇摇晃晃，倒在了地上。得胜者毫不客气，走上前去，平静如常地开始撕咬战败者的头胸前端，也就是撕咬我们以为是蝎子头，看到的却只是肚腹前端的地方。它一口一口慢慢地撕咬着，时间拖得很长。一连四五天，战胜者一直没有停止过啃噬自己的同类。它要把战败者吃掉，其理由有一点是可以谅解的：这个行为对战胜者来说是正大光明的。

我从观察中掌握了真实的情况：蝎子的毒针能够使自己的同类即刻毙命。现在，我想谈一谈蝎子的自杀问题，也就是有人说过的那种自杀法。如果按人们所说，蝎子被一圈火炭围住，它便会用螯针蜇自己，最后以自愿死亡来结束这种失常的状态。如果真的是这样，那么这种做法对这种野性十足的虫子来说应该是很理想的。现在，还是让我们来看一看吧。

我用烧红的木炭围成一个圆圈，把我养的那只个头儿最大的蝎子置于圈中。风助火势，木炭越烧越旺，滚滚热浪向圈中的蝎子袭去，只见它一个劲儿地倒退着在火圈内打转。稍不注意，它的身体便会被火苗灼一下，它只好左一闪右一躲，突然加快倒退，不顾方位地瞎冲瞎奔，免不了身体又不时地遭到火灼。它每次想逃出重围，都会被狠狠地烧一下。它变得狂躁不安。往前冲，被烧一下；往后退，又挨火灼一下，它进也不是，退也不是，既绝望又愤怒。只见它怒气冲冲地挥舞着自己的长枪，再反卷成钩状，然后伸直平放于地上，接着便把长枪举起。它的动作迅疾而又章法不乱，简直令我眼花缭乱，惊叹不已。

现在，它该给自己一枪了，以便摆脱这种进退维谷的境地。谁知道，它竟突然一阵抽搐，然后便一动不动地直直躺在了地上。等了一会儿，仍不见它有所动作。它真的死了？也许在它那令人眼花缭乱的狂舞中，有一剑刺中了它自己，而我没有看到。如果它真的用自己的短剑刺中了自己，以自杀寻求解脱，那么它肯定死了。

但是，我心中总存有疑惑。于是，我用镊子把看上去已经死了的蝎子夹起来，放在一层清凉的沙子上面。一小时后，这只看上去已无生命迹象的蝎子突然复活了，与放进火圈前一样活泼，虎虎有生气。我又用第二只、第三只蝎子做了同样的实验。结果同第一只蝎子的情况完全一样：因绝望而发狂，突然一动不动，像遭雷击似的瘫软地平躺在地上；被放到清凉的沙子上后，又都突然生机勃发了。

由此可以断定，持蝎子会自杀这一看法的人，一定是被它那突然失去生命力的假象蒙骗了。他们看见蝎子身陷火墙的高温之中，绝望之下变得疯狂至极，浑身抽搐，猝然倒地，便以为它经过垂死挣扎，终于自杀身亡了。他们过早地得出一个错误的结论，以致让蝎子在火墙中活活地烤焦了。如果他们不是那么轻信表面现象，早点儿把蝎子从火墙内取出，置于清凉的沙子上，那么他们大概早就发现表面上看似死去的蝎子会恢复生命活力，就会得出结论，蝎子根本就不知道什么叫自杀。

可以说，除了高级动物——人类以外，任何具有生命的生物都不具有自愿结束生命、视死如归的精神力量。我们人类，自以为具有很大的勇气和魄力从生活的苦难中自行解脱，把这种解脱视为人的崇高特质，视为一种可以进入沉思境界的优势，好像这是人优于其他动物的一种标志。然而，我们一旦真的把这种精神付诸行动，实际上是一种懦弱的表现。

生命是一种严肃的东西，不能因遇到点儿艰难困苦就心烦意乱，轻易地就把生命抛弃。我们不应把生命视为一种享乐、一种磨难，而应该把它视为一种义务，一种只要一息尚存就必须全力以赴地去尽的义务。

让生命的最后一刻提前到来者，是懦夫，是蠢货。我们有权凭着自己的意愿决定堕入死亡深渊的方式，但这并不意味着我们有权轻生遁世。相反，这种自由意志的权利恰恰向我们提供了动物毫无所知的向前看的本领。

只有我们知晓生命的欢乐会怎样结束，只有我们才能预见自己末日的到来，只有我们才对死者表示缅怀，怀有崇敬之情。凡此种种，都是一些重大的事情，这是其他动物想不到的。当伪劣的科学高谈阔论，拼命让我们相信一只可怜的昆虫会耍花招装死的时候，我们要求这种科学更贴近事物本身去进行观察研究，切莫把昆虫因恐惧而引发的昏厥状态误以为是能装出自己根本并不知晓的状态。

只有我们人类才能清醒地认识到一种结局，只有我们人类才具有想见到人世彼岸的卓越本能。地位卑微的昆虫也在发表着自己的意见："你们应有信心。本能从来不会违背自己的诺言。"

作者简介

让-亨利·法布尔，法国昆虫学家、动物行为学家、文学家、昆虫科学家，达尔文赞誉他为"无与伦比的观察家"。

以毕生的时间和精力写成了《昆虫记》，被誉为"昆虫界的荷马"，并获得诺贝尔文学奖的提名。

他的魅力在于他不是一个纯粹的昆虫学者，他的作品充满文学的诗意，可读性非常高，是孩子阅读科普作品的不二之选。

译者简介

陈筱卿，法语翻译家，1963年毕业于北京大学西语系法语专业。国际关系学院教授、研究生导师。

代表作除法布尔的《昆虫记》外，还有拉伯雷、卢梭、雨果、大仲马等多位名家的代表性著作。

大作家的语文课

欢畅阅读语文课本里的经典

小学语文课外阅读
以课本内容为核心，精心编选的名家经典
注重培养孩子的阅读力、理解力、写作力和思辨力

书名	ISBN	单价	对应课文	备注
一年级上下册				
一支乱七八糟的歌（注音全彩美绘）	9787531354789	25	《怎么都快乐》	收录的《没有不好玩的时候》入选一年级下册课文时更名为《怎么都快乐》
动物王国开大会（注音全彩美绘）	9787531355694	25	《动物王国开大会》	收录的《动物王国开大会》入选一年级下册课文
文具的家（注音全彩美绘）	9787531358435	28	《文具的家》	收录的《文具的家》入选一年级下册课文
夏夜多美丽（注音全彩美绘）	9787531361572	25	《夏夜多美丽》	收录的《夏夜多美丽》入选一年级下册课文
小鸟读书（注音全彩美绘）	9787531362289	25	《小鸟读书》	收录的《小鸟读书》入选一年级下册课文
野葡萄（注音全彩美绘）	9787531355670	25	延展阅读	延展阅读
"小溜溜"溜了·怪城奇遇记（注音全彩美绘）	9787531355892	28	延展阅读	延展阅读
"小溜溜"溜了·再见了,怪城（注音全彩美绘）	9787531355908	28	延展阅读	延展阅读
二年级上册				
小鲤鱼跳龙门（注音全彩美绘）	9787531355687	25	《小鲤鱼跳龙门》	曾入选二年级上册"快乐读书吧"
"歪脑袋"木头桩（注音全彩美绘）	9787531355700	25	《"歪脑袋"木头桩》	曾入选二年级上册"快乐读书吧"
孤独的小螃蟹（注音全彩美绘）	9787531356134	25	《孤独的小螃蟹》	曾入选二年级上册"快乐读书吧"
称赞（注音全彩美绘）	9787531354833	25	《称赞》	收录的《称赞》入选二年级上册课文
纸船和风筝（注音全彩美绘）	9787531355953	28	《纸船和风筝》	收录的《纸船和风筝》入选二年级上册课文
烦恼的大角（注音全彩美绘）	9787531356868	25	《企鹅寄冰》	收录的《企鹅寄冰》入选二年级上册课文
植物妈妈有办法（注音全彩美绘）	9787531360872	25	《植物妈妈有办法》	收录的《植物妈妈有办法》入选二年级上册课文
雪孩子·小松鼠找花生（注音全彩美绘）	9787531360032	25	《雪孩子》《小松鼠找花生》	《雪孩子》入选二年级上册课文,《小松鼠找花生》入选一年级上册"和大人一起读"
侦探与小偷（注音全彩美绘）	9787531360643	25	延展阅读	《小灵通漫游未来》的作者叶永烈写给孩子的侦探小说
没头脑和不高兴（大字彩绘版）	9787531362371	25	延展阅读	入选中国小学生基础阅读书目和中小学生阅读指导目录
二年级下册				
小柳树和小枣树（注音全彩美绘）	9787531354826	25	《小柳树和小枣树》	收录的《小柳树和小枣树》入选二年级下册课文
大象的耳朵（注音全彩美绘）	9787531354758	22	《大象的耳朵》	收录的《大象的耳朵》入选二年级下册课文
好天气和坏天气（注音全彩美绘）	9787531356875	25	《好天气和坏天气》	收录的《好天气和坏天气》入选二年级下册"我爱阅读"
枫树上的喜鹊（注音全彩美绘）	9787531356912	25	《枫树上的喜鹊》	收录的《枫树上的喜鹊》入选二年级下册课文
孙悟空在我们村里（注音全彩美绘）	9787531356899	28	延展阅读	延展阅读　中国小学生基础阅读书目必读
大奖章（注音全彩美绘）	9787531355809	25	延展阅读	延展阅读
牧童三娃（注音全彩美绘）	9787531355793	25	延展阅读	延展阅读

书名	ISBN	单价	对应课文	备注
三年级上册				
搭船的鸟（全彩美绘）	9787531355342	25	《搭船的鸟》	收录的《搭船的鸟》入选三年级上册课文
胡萝卜先生的长胡子（全彩美绘）	9787531355014	22	《胡萝卜先生的长胡子》	收录的《胡萝卜先生的长胡子》入选三年级上册课文
花的学校（全彩美绘）	9787531355366	25	《花的学校》	收录的《花的学校》入选三年级上册课文
那一定会很好（全彩美绘）	9787531354703	25	《那一定会很好》	收录的《那一定会很好》入选三年级上册课文
铺满金色巴掌的水泥道（全彩美绘）	9787531355373	25	《铺满金色巴掌的水泥道》	收录的《铺满金色巴掌的水泥道》入选三年级上册课文
小灵通漫游未来（全彩美绘）	9787531355359	32	《小灵通漫游未来》	语文教材三年级上册推荐
去年的树·小狐狸买手套（全彩美绘）	9787531360049	25	延展阅读	《去年的树》曾入选三年级上册课文，《小狐狸买手套》入选清华附小等名校推荐阅读书和亲近母语中国小学生分级阅读书目
故乡的杨梅（全彩美绘）	9787531364436	26	《我爱故乡的杨梅》	收录的《我爱故乡的杨梅》入选三年级上册课文
三年级下册				
慢性子裁缝和急性子顾客（全彩美绘）	9787531355915	25	《慢性子裁缝和急性子顾客》	收录的《慢性子裁缝和急性子顾客》入选三年级下册课文
昆虫备忘录（全彩美绘）	9787531356073	23	《昆虫备忘录》	收录的《昆虫备忘录》入选三年级下册课文
诗歌魔方 一支铅笔的梦想（全彩美绘）	9787531356516	22	《诗歌魔方 一支铅笔的梦想》	收录的《一支铅笔的梦想》入选三年级下册课文
方帽子店（全彩美绘）	9787531359890	25	《方帽子店》	收录的《方帽子店》入选三年级下册课文
祖父的园子·火烧云（赵蘅插图版）	9787531363095	28	《祖父的园子》《火烧云》	收录的《火烧云》入选三年级下册课文，《祖父的园子》入选五年级下册课文
鸦鸦（全彩美绘）	9787531357551	22	延展阅读	收录的《鸦鸦》曾荣获陈伯吹儿童文学奖
四年级上册				
龙凤·牛和鹅（全彩美绘）	9787531357544	23	《牛和鹅》	收录的《龙凤》曾荣获陈伯吹儿童文学奖，《牛和鹅》入选四年级上册课文
我和恐龙（全彩美绘）	9787531357520	28	《一只窝囊的大老虎》	收录的《一只窝囊的大老虎》入选四年级上册课文
爬山虎的脚·荷花（全彩美绘）	9787531357506	28	《爬山虎的脚》《荷花》《记金华的双龙洞》《牛郎织女》	收录的《爬山虎的脚》入选四年级上册课文，《荷花》入选三年级下册课文，《记金华的双龙洞》入选四年级下册课文，由叶圣陶先生整理的《牛郎织女》入选五年级上册课文
中国古代神话（精编导读版）（全彩美绘）	9787531358985	22	《中国神话故事》	内容囊括四年级上册"快乐读书吧"推荐阅读的神话内容
蟋蟀的住宅	9787531364863	25	《蟋蟀的住宅》	收录的《蟋蟀的住宅》入选四年级上册课文
四年级下册				
森林报（精编导读版）（全彩美绘）	9787531359715	23	《森林报》	四年级下册"快乐读书吧"推荐
细菌世界历险记（全彩美绘）	9787531360636	29.8	《灰尘的旅行》	收录的《灰尘的旅行》入选四年级下册"快乐读书吧"
穿过地平线：看看我们的地球	9787531364870	24	《看看我们的地球》	四年级下册"快乐读书吧"推荐阅读
五年级上册				
落花生（全彩美绘）	9787531362326	25	《落花生》	收录的《落花生》入选五年级上册课文
松鼠（待出版）			《松鼠》	收录的《松鼠》入选五年级上册课文
少年中国说	9787531364665	19	《少年中国说》	收录的《少年中国说》入选五年级上册课文
五年级下册				
吕小钢和他的妹妹（全彩美绘）	9787531357575	26	延展阅读	收录的《吕小钢和他的妹妹》曾获全国少年儿童文艺创作评奖一等奖。作家任大星曾获陈伯吹儿童文学奖特别贡献奖
我的朋友容容（全彩美绘）	9787531357513	30	《我的朋友容容》	收录的《牛和鹅》入选四年级上册课文，《我的朋友容容》入选五年级下册课文
六年级上下册				
鲁迅必读经典（全彩美绘）	9787531356202	30	《野草》《朝花夕拾》	六年级上册，收录教材推荐阅读的鲁迅全部作品
北京的春节·草原（全彩美绘）	9787531362104	28	《北京的春节》《草原》	收录的《母鸡》《猫》入选四年级下册课文，《草原》《北京的春节》入选六年级课文
丁香结（全彩美绘）	9787531362760	26	《丁香结》	收录的《丁香结》入选六年级上册课文
表里的生物	9787531364160	26	《表里的生物》	收录的《表里的生物》入选六年级下册课文
少年音乐和美术故事（全彩美绘）	9787531362333	29	延展阅读	入选新阅读研究所中国小学生基础阅读书目